A CRASH COURSE

极简量子理论

52堂通识速成课

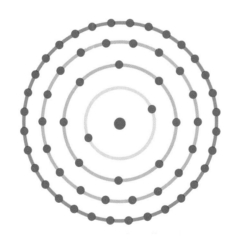

U0157972

极简量子理论

52堂通识速成课

［英］布里安·克莱格　编著

李　伟　李　强　译

辽宁科学技术出版社

沈　阳

© 2021 辽宁科学技术出版社

著作权合同登记号：第06–2019–197号。

图书在版编目（CIP）数据

极简量子理论：52堂通识速成课／（英）布里安·克莱格编著；李伟，李强译. — 沈阳：辽宁科学技术出版社，2021.10

ISBN 978–7–5591–2151–6

Ⅰ.①极… Ⅱ.①布 … ②李… ③李… Ⅲ.①量子论—普及读物 Ⅳ.①O413–49

中国版本图书馆CIP数据核字（2021）第145735号

出版发行：辽宁科学技术出版社
　　　　　（地址：沈阳市和平区十一纬路25号　邮编：110003）
印　刷　者：上海利丰雅高印刷有限公司
经　销　者：各地新华书店
幅面尺寸：180mm×230mm
印　　张：10
字　　数：200千字
出版时间：2021年10月第1版
印刷时间：2021年10月第1次印刷
责任编辑：闻　通　张雪娇
封面设计：李　彤
版式设计：颖　溢
责任校对：徐　跃

书　　号：ISBN 978–7–5591–2151–6
定　　价：65.00元

联系编辑：024–23284740
邮购热线：024–23284502

引言

量子物理经常被认为是晦涩且怪异的，虽然它确实有违直觉，但被冠以"晦涩"之名却不恰当。量子理论解释了电子、亚原子粒子、光子之间的相互作用，为我们理解这个世界提供了关键的基础。我们接触的几乎所有事物都是由这些量子粒子组成的，无论是物质、光，还是电磁等现象，这些微小的粒子都在其中发挥着重要作用。

尽管看起来我们从未接触过如"独立实体"这样的量子物体，但量子现象已给我们的生活带来了巨大影响。据估算，发达国家35%的GDP与电子学、材料科学、医学等相关，而这些学科的构建离不开"令人着迷的"量子理论。

先说一下"概率"

那么，这种明显的奇怪感从何而来？"量子"这个词指的是物体不是连续的，而是一份一份的，使用这种"逐份"的方式来解释自然世界，令"量子"的发现者们无不感到震惊。结果显示，量子实体与我们能够看到、接触到的物体迥然不同。量子粒子并不像"缩小版"的网球，如不加干涉，它将不再具有位置、旋转方向等特性，取而代之的是一系列的"概率"，直到它与其他物体发生相互作用为止。在这种相互作用发生之前，对于一个量子粒子，我们所能描述的只有它在这儿的概率是多少，在那儿的概率又是多少，凡此种种。

这与我们熟悉的抛硬币的概率迥然不同。当我们公平地抛硬币时，得到正面或者反面的概率各为50%，即硬币抛出之后，50%的时候是正面，50%的时候是反面。但实际上，一旦硬币抛出，它是正面还是反面已经是100%确定的了，只是我们还不知道是哪一面，需要看过之后才能获得这份信息。但在量子理论中，在我们看一眼之前，硬币的正面、反面以概率的形式同时存在。

量子粒子很容易被认为是"奇怪的"，但我们需要牢记这其实是自然世界原本的样子。之所以我们会觉得奇怪，是因为我们早已习惯了"宏观物体"的运行模式，而在某种意义上来说，宏观物体的行为确实奇怪，因为根本看不出来它们是由量子粒子构成的。量子物理学家多年来面对的最大难题不是科学上的，而是要找到一种解释，建立起连接日常观察与量子维度事件的桥梁。但即使是现在，量子物理学家对于如何解释量子理论仍没有达成共识，很多人秉持的观点是量子理论的数学模型很好、可以用，仅此而已，即哲学上的"闭上嘴，只计算就好了"。

量子理论发展史

20世纪初，一些最早提出量子相关理论的科学家对于"粒子性质不具有确定值"表示不予认同。其中最为出名的有两位：一位是马克思·普朗克，"光量子"基本概念的提出者；一位是阿尔伯特·爱因斯坦，量子化真实性的证明者（爱因斯坦的证明显示出量子化不仅仅是一种有用的计算工具）。两人都对"概率"的闯入表示厌恶，在他们看来，现实世界应是确定且可以测量的。爱因斯坦穷其一生始终坚信，在随机和概率的表象之下，存在着"某种结构"，它的行为方式与"平常的"现实世界一致，然而所有的证据都显示他在这里犯了错。

20世纪20年代，更年轻的学者们，自尼尔斯·波尔开始，经埃尔温·薛定谔、沃纳·海森堡、保罗·狄拉克，一直到马克思·波恩，使用"概率"实现了对量子行为的定量化，这些研究进展举世瞩目。尽管作为理论物理学家，他们没有时间进行实验，所提观点皆是"灵光一现"的猜想，但由他们发展起来的量子理论的数学描述与后来的实验观测相符程度之高令人惊叹！

自20世纪30年代至今，电子工业取得了一连串的技术进步，如激光的发展、日益增长的超导使用等，都是直接应用了量子粒子那被称为"怪异"行为的结果。当一个事物在生活中随处可见之时，你便无法否认它的存在。量子物理从默默无闻，到走上中央舞台的契机，正是第二次世界大战。

第二代、第二代量子物理学家中的很多关键人物，从尼尔斯·波尔到理查德·费曼，都在第二次世界大战中发挥了至关重要的作用，他们主要参与的是核裂变的相关工作。1938年，德国物理学家奥托·哈恩和奥地利物理学家莉泽·迈特纳证明，放射性衰变作为一种量子过程，与量子粒子的其他行为一样，受到概率的影响。核裂变本身是有趣的，但只有当它与"链式反应"结合在一起的时候，其重要性才得以显现。核裂变可以通过两种方式运行：一种是受控反应，只产生热；另一种一旦开始，就会以级联的方式使自身（中子）不断增加，最终引发核爆炸。

当时，随着世界动荡并步入全面战争，人们不由得担心拥有丹麦、奥地利两个量子物理学术中心的德国将会制造出核武器，这将给德国带来令人恐惧的军事优势。对此做出反应的是阿尔伯特·爱因斯坦，这个世人熟悉的名字，在我们这个量子故事的开篇有提到过。爱因斯坦终其一生都是一名和平主义者，他万万没有想到自己发现的质能方程$E=mc^2$与核衰变相交产生的竟然是毁灭性的炸弹。他受邀写信给美国当局，说服罗斯福总统采取行动。随后美国实施的曼哈顿计划使美国成功制造出原子弹，并于1945年实施了第一次投放。

量子变得实用

很多重要的量子物理学家，或者是因为犹太人的身份背景，或者是惊惧于法西斯主义的高涨，纷纷离开了欧洲大陆。薛定谔去了爱尔兰，波恩去了苏格兰。已经搬到斯德哥尔摩的迈特纳，受邀参加曼哈顿计划，但她本人对于制作炸弹毫无兴趣，与此同时一位名叫费曼的年轻人入选了该计划。波尔帮助来自德国的"难民科学家们"找到了新的学术家园，他虽然身在德国占领区丹麦，却拒绝参与德国的核计划。正是在哥本哈根，波尔最受争议的同事，也是德国核计划的领导者——海森堡，前来拜访了他。这次会面究竟发生了什么一直不得而知，但看起来似乎是海森堡希望得到波尔的帮助。1943年，在波尔可能被捕之时，他逃亡到瑞典。波尔作为咨询顾问，是洛斯阿拉莫斯的常客，而就是在这里，美国开发出了原子弹。

海森堡最终失败了——至于失败的原因，或者就像后来他自己所说的，他并不想为法西斯制造武器，或者单纯是因为这件事情过于困难了。规模更大的曼哈顿计划取得了成功，量子物理改变了世界。在战争的助力之下，早期的电子计算机研制成功，电子工业开始走向腾飞。在英国，布莱切利公园"Colossus系统"（巨像，世界第一台可编程电子计算机）于1944年全面启动，成功破译德军密码。而在美国，更为精密的"ENIAC系统"（埃尼阿克，世界第一台数字式计算机）于1946年开始运行，专用于氢弹研发的相关计算。

这些早期计算机使用传统的真空电子管，易碎，体积庞大，且需要耗费大量能量，它们使没有量子理论参与的电子工业最后一次处于发展的前沿。毫无意外的，ENIAC运行仅仅一年之后，量子物理携第一根晶体管登上了舞台。战争期间，电子工业的发展显示了其改变世界的巨大潜力，而采用量子器件却能使电子产品更加便携，市场更加广阔。

量子的旅程

为了探索量子科学的发展，探寻其从激光、晶体管到超导体、量子计算机的应用，本书分为4个部分，共52个小节，内容涵盖从量子角度理解世界发展过程中出现的那些重要事件和重要人物。

第1部分，量子理论基础。我们从普朗克为解释发热、发光物体的古怪行为第一次引入"量子"（用他自己的话说：绝望的）的概念说起。我们将会看到爱因斯坦如何证明量子概念的真实性，还将会看到不同原子如何发射、吸收一系列不同颜色的光，而其中心波长恰好满足原子的波尔模型。在波尔模型中，电子并不像行星绕恒星一样占据任何轨道，它们只存在于固定的能级中，在不同的能级之间通过"量子跃迁"的方式进行"跳跃"。

我们将探索量子物理如何模糊"波"和"微粒"的概念，看数学的发展如何引入概率来解释量子行为，从而引出那个充满嘲弄的思维实验——"薛定谔的猫"。我们将看到海森堡"不确定性原理"和泡利"不相容原理"如何清晰地表明：我们永远不可能知道量子系统的全部信息及量子原理如何规范化学元素的反应行为。我们还将发现量子物理为粒子引入了一个全新的属性——自旋，虽然实际上它和旋转没有任何关系。

第2部分，量子行为。我们将探索引入概率的含义，看物理学家如何调和粒子的概率性与粒子组成的宏观物体的普通行为之间的矛盾。我们将会看到"场"和"负能电子海"的概念如何改变量子的数学表达式，还将看到物质与光之间的一切相互作用都可归集于量子的旗帜之下。我们还将探索某些奇特的量子概念，比如零点能、量子隧穿效应、某些实验中粒子的速度似乎高于光速等。

第3部分，解释和量子纠缠。这是量子理论中最奇怪的两个方面。我们将探索为什么物理学中只有量子理论拥有如此众多的解释（解释虽然不同，其数学结果却是相同的）。通过量子纠缠，我们发现了爱因斯坦对量子理论

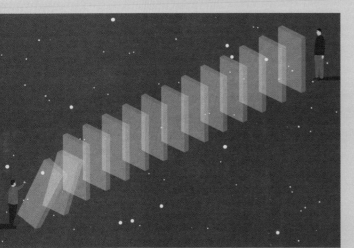

发起的最大的挑战。爱因斯坦第一个发现了量子纠缠效应的奇怪之处：对于一对"纠缠"（可以理解为"某种特殊的连接"）在一起的量子粒子，如果我们对其中一个进行测量，另一个粒子的相关属性也会立刻确定，即使另一个粒子远在宇宙的另一面。爱因斯坦认为量子纠缠证明了量子理论具有无法克服的缺陷，因为这种似"幽灵"般的超距作用根本不可能存在。但是实验结果表明，量子纠缠是真实存在的，它既可用于数据加密，使密码不可破译，又可用于通信，将信息以量子特性的形式从一个粒子传输到另一个粒子。

第4部分，迷人的量子。这一部分内容聚焦量子的应用和物质的特殊量子态。我们将探索激光、晶体管、电子显微镜、磁共振（MRI）扫描仪等的量子起源，以及至今仍没有完全理解的量子现象——超导。我们还将看到某些"量子怪物"，比如超流体一旦开始流动，就会永不停歇地流淌下去，甚至能靠自身的力量从容器中流出。在考虑量子的终极挑战之前，我们会先了

解为什么量子效应会出现在生物学之中。最后，量子物理究竟能不能与爱因斯坦的广义相对论和引力场论相容呢？

怪异——却是真实存在的

量子物理可能是怪异的，但却不是不可理解的，它是如此的迷人和奇妙。毕竟，它是一种科学，既描述了组成你我以及万物的原子的行为方式，又揭示了光的本性，如果没有光，我们无法视物，如果没有光携带太阳的能量来到地球，这个世界也将不再有生命。甚至可以说，如果没有量子物理，电话、电视、计算机，甚至因特网，都将不复存在。所以，还等什么呢，快来阅读本书吧！

如何使用本书

本书将当前关于量子理论的知识分成了52个小节，对于每个小节，你既可以选择略读，也可以进行稍微深入一些的钻研。本书一共分为4个部分，每部分各有13个话题，在序言中列出了著名量子物理学家的人物小传。在每一部分的引言中，还给出了你可能需要了解的部分重要事件的概述。

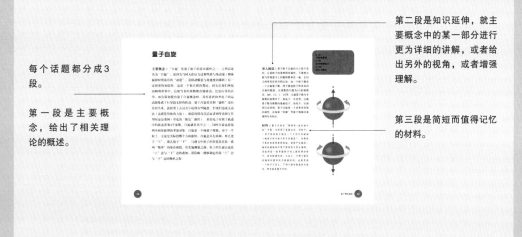

每个话题都分成3段。

第一段是主要概念，给出了相关理论的概述。

第二段是知识延伸，就主要概念中的某一部分进行更为详细的讲解，或者给出另外的视角，或者增强理解。

第三段是简短而值得记忆的材料。

"不惜一切代价也要找到一种理论解释，我已经做好了牺牲先前任何物理学信仰的准备。"

——马克思·普朗克

第1部分

量子理论基础

维多利亚时代的物理学之死

截至1900年，物理学完全是维多利亚时代的产物。伽利略和牛顿建立起物理学这座大厦的地基，在随后的岁月里，科学领域进行的无非是一些小的修修补补。19世纪见证了物理学的大发展：一方面，学科领域得到极大的扩展；另一方面，早期的思想提高到了令人目眩的新高度。

蒸汽机是英国工业革命的标志，它的发明与改良意味着热力学作为一门学科的出现。同样，人们开始理解电学和电磁学，并使之能够应用于实际。苏格兰物理学家詹姆斯·克拉克·麦克斯韦的划时代工作是将光归入电磁波的行列之中。

两片乌云

人们常常说起，截至1900年，在物理学家中弥漫着一股洋洋自得的情绪，他们普遍认为物理学已经基本完备，只剩下一些小的细节问题需要解决。尤其是，另一位19世纪伟大的苏格兰物理学家威廉·汤姆森，即开尔文爵士，他经常被引用的一句话是："物理学现今已经没有新的事物能够被发现了，剩下的工作只是越来越精确地测量而已。"（虽然没有任何证据证明开尔文爵士曾经说过这句话）与此类似，慕尼黑物理学教授菲利普·冯·乔利曾建议普朗克放弃科学，改学钢琴，因为他认为物理学中已经没有什么事情可做了。

开尔文爵士确实说过的话是：在物理学的关键领域，遮蔽着两朵乌云。第一朵乌云，关于光的波动性质。波的传播需要介质，而光作为一种波动，也应该需要介质，这种介质被称为"以太"，但是没有任何实验检测到以太的存在。第二朵乌云，关于能量均分。被开尔文爵士称作"麦克斯韦-玻尔兹曼"学说，它将导致后来被称作"紫外灾难"的现象。

开尔文爵士的"两朵乌云"恰是20世纪物理学发生翻天覆地变化的前兆。第一朵乌云促成了爱因斯坦"狭义相对论"的诞生，牛顿运动定律其实是相对论在相对低速条件下的特殊表示形式。爱因斯坦又从狭义相对论中获得灵感，进而提出了"广义相对论"，颠覆了我们以往对引力的理解。相似的，物理学家寻找第二朵乌云解决方案的过程，引发了量子物理学的第一步发展。

相对论和量子理论——这对孪生巨人——已成为物理学的绝对根基。实际上，物理学中其他的所有细分学科，要么受其影响，要么已被归入其中。之所以人们没有普遍意识到这种转变，也许是因为我们的学校仍在教授维多利亚时代的物理学课程。在教授课程的过程中引入历史进程，通常情况下能够带来好处，而相对论、量子理论带来的如此重大的转变却被忽略，确实非常奇怪。维多利亚时代的物理学得以保留，也许是因为相对论、量子理论看起来太"困难"了。

当我们回顾过往，一点儿也不会吃惊，维多利亚时代物理学之所以将被取代，是因为这时出现了它无法逾越的阻碍。马克思·普朗克和阿尔伯特·爱因斯坦，量子物理学发端之时的两位杰出贡献者，当时都对现有物理学提出了自己的疑问。普朗克解决"紫外灾难"的思想和爱因斯坦对"光电效应"的解释，在人们对光本质的理解中撕开了一道缺口：光并不是以连续波的形式向前传播，而是量子化的，被"切割"成一份一份的，"逐份"向前传播。

量子的代价

量子化本身并不是什么问题，它是现实生活中非常常见的概念。举例而言，钞票就是量子化的，不会有0.513分的硬币。量子就是物理世界中的1分硬币，再也没有比它"面值"更小的了。相似的，物质量子化的结果是原子。20世纪初关于原子的观点，认为它是不可再分的（当然，这一观点现在来看是不正确的），"原子"一词来源于希腊语，意为"不可切的"。

那么，为什么光的量子化会在物理学中引发一场革命呢？最初人们认为"光完全是一种波"，随着这一观念被逐渐抛弃，量子的概念得以引入。但量子物理中的某些观点对爱因斯坦等人造成了困扰，比如作为基本属性引入的概率、测量行为本身比实际待测量更为重要等，而这些也是量子理论长期遭受质疑的原因。但无论如何，截至20世纪30年代，对维多利亚时代仍有留恋的只剩一小部分人。虽然量子理论的全部观点可能不被充分了解或完全理解，但毫无疑问，物理学本身已经被量子物理学家的工作彻底改变了。

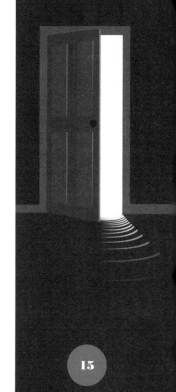

人物小传

马克思·普朗克（1858—1947）

　　与量子物理学家那些激进的年轻人相比，马克思·普朗克毫无疑问属于"老而弥坚"的一代。1858年，普朗克出生在德国哥廷根，接受的完全是维多利亚时代的教育方式。当普朗克准备读大学的时候，他有音乐、物理两个专业可以选择，因为他在这两方面都极为出色。他甚至已经成为演奏会级别的钢琴演奏者。但尽管如此，最终胜出的还是物理，普朗克被"热与能量"的话题深深吸引且不能自拔，也正是从这时起，普朗克开始解决"紫外灾难"的尝试。

　　普朗克解决"紫外灾难"——物质这一神秘行为的方式，用他自己的话说是源于"一个幸运的猜想"，即电磁辐射不是以连续波，而是以"能量包"的方式向外辐射能量的。普朗克本人仅把这一猜想视作一种有用的数学工具，但却在电磁辐射的解释中取得了巨大成功，他本人也因此获得了1918年的诺贝尔物理学奖。尽管如此，普朗克对于量子物理始终秉持排斥的态度。

　　晚年的普朗克深受家庭悲剧的困扰，长子死于第一次世界大战，两个女儿童年时不幸夭折，三个儿子中最小的一个因牵涉密谋刺杀希特勒的事件而被逮捕处决。1947年，在幼子死后两年，普朗克逝世，享年89岁。

尼尔斯·波尔（1885—1962）

　　尼尔斯·波尔于1885年出生于哥本哈根，他算得上是量子物理学发展的核心人物。波尔获得博士学位后不久即动身前往英格兰，与剑桥的J.J.汤姆逊（电子的发现者）共同工作了一年。波尔与汤姆逊的相处并不融洽，于是接受了位于英格兰曼彻斯特的欧内斯特·卢瑟福实验室的邀请。正是在这里，在卢瑟福关于原子结构研究的基础上，波尔于1913年发表了关于"氢原子量子模型"的论文，震惊了世界。

　　在有些人看来，波尔可能是那种难以沟通的类型，但实际上波尔如同网络架设中的"集线器"一样，将与量子物理发展息息相关的各方紧密地联系在一起。他甚至经常作为爱因斯坦量子相关争论的"陪练对手"出现——要知道，爱因斯坦可是相当反感量子理论中的概率解释的，他经常会提出一些思维实验来向波尔挑战。

　　1921年，波尔开始领导位于哥本哈根的理论物理研究所。1922年，波尔获得诺贝尔物理学奖。他在原子核的"液滴模型"方面做出了富有价值的贡献，这对于核裂变的发展至关重要。1943年，波尔离开了法西斯占领的丹麦，直到1945年才回到他深爱的哥本哈根，并参与"欧洲原子核研究中心（CERN）"的筹建。波尔于1962年逝世，享年77岁。

埃尔温·薛定谔（1887—1961）

埃尔温·薛定谔1887年出生于维也纳，1910年获得博士学位，第一次世界大战期间曾担任炮兵军官。到了20世纪20年代，他在苏黎世已是一位理论物理学教授。正是在这里，薛定谔基于波的研究方式，发展了他对新兴量子理论的看法，并最终形成以他的名字命名的著名方程——薛定谔方程。

尽管与尼尔斯·波尔的个人关系很好，但薛定谔并不喜欢"态叠加"的概念——而这恰是波尔理论的核心。他通过设计著名的思维实验"薛定谔的猫"——未经观察，猫将处于"死和生的叠加态"——来凸显态叠加理论的荒谬。

薛定谔于1933年离开奥地利（他也于这一年获得诺贝尔物理学奖），当他于1936年返回时发现，自己这些年不在国内竟然被法西斯当局视作一种"不友好的行为"，于是在1938年他匆忙离境前往爱尔兰，成为都柏林高等研究院的新一任院长。薛定谔在都柏林高等研究院度过了17个春秋，在这里他写下了影响深远的巨著《生命是什么》，用于阐述物理学与生物体之间的关系。

薛定谔的私生活较为复杂，尽管直到逝世，他只娶了安妮一人，且共同生活了40年，但他却有相当多的情人，而且他的所有孩子都是这些情人所生。1961年，薛定谔于维也纳逝世，享年73岁。

沃纳·海森堡（1901—1976）

1901年出生于德国维尔茨堡的沃纳·海森堡绝对算是一位前途远大的年轻物理学家，他在年仅25岁时就投身于量子力学的发展研究领域，并提出了用矩阵力学——这一高度数学化的方法，来描述量子系统的行为。直到20世纪30年代，海森堡在这一领域持续做出了重大贡献，并于1932年获得诺贝尔物理学奖。

起初法西斯当局因海森堡教授"犹太物理学"而对他抱有怀疑，甚至有时称他为"白犹"。但党卫军头目海因里希·希姆莱似乎认为他颇有价值，于是从1938年开始，海森堡享受的待遇相比于之前要好上许多。整个第二次世界大战期间，海森堡都身处德国，并致力于核裂变的研究工作，其间还曾前往哥本哈根游说尼尔斯·波尔加入。尽管战后海森堡声称为了延缓德国核武器的开发进程，他使出了浑身解数，但关于他的反对究竟到了什么程度，外人始终不得而知。

第二次世界大战之后，海森堡成为德国物理学的领军人物，主持凯撒·威廉物理研究所——随后更名为"马克思·普朗克研究所"。海森堡于1976年逝世，享年74岁。

时间线

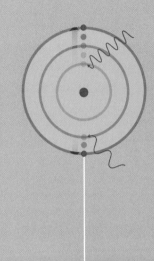

光子

为了解释光电效应，阿尔伯特·爱因斯坦做出大胆假设：普朗克的光量子（后被称作"光子"）是真实存在的。普朗克使用量子的概念只是为了计算时方便，而爱因斯坦认为它们是真实存在的物理实体。爱因斯坦凭借此项工作获得诺贝尔物理学奖。

1900年　　**1905年**　　**1913年**

量子

马克思·普朗克建议在应对"紫外灾难"的问题上，可假定电磁辐射（包括可见光）是以"小能量包"的形式"逐份"地向外辐射能量，每份的能量大小取决于电磁波的频率和一个常数，这个小能量包被称作"量子"。

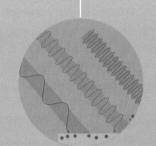

量子跃迁

尼尔斯·波尔提出了一种氢原子的量子模型。这个模型采用了固定电子轨道，电子只能通过量子跃迁的方式在轨道之间跳跃，这样的设定就解释了为什么原子中的电子不会以螺旋的方式旋进原子核内。这个模型也可以解释为什么不同的元素会发射和吸收特定频率的光。

矩阵力学

沃纳·海森堡提出了一种更为全面的数学描述，用于解释量子粒子的行为方式，称为"矩阵力学"。矩阵力学令相当多的物理学家感到困扰，因为它与人们熟悉的结构，比如波，没有任何相似之处，完全是和矩阵相关的一堆运算。

不确定性原理

海森堡在矩阵力学的基础上又提出了"不确定性原理"，即量子粒子的一对相关属性，比如空间中的位置和动量、时间中的时刻点和能量，如果其中一个属性我们了解得越精确，那么另一个属性我们就会了解得越不精确。

1925年 — **1926年** — **1927年**

概率

埃尔温·薛定谔用波动方程的形式来描述量子粒子的行为方式，波动方程的结果给出的是在某一位置发现该量子粒子的概率，以及该概率随时间的演化规律。保罗·狄拉克随后证明：海森堡的矩阵力学与薛定谔的波动力学完全等价。

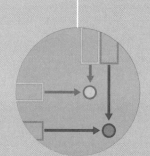

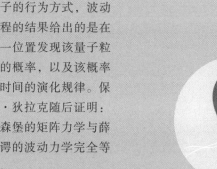

一个小问题

主要概念 | 19世纪末，物理学界到处洋溢着一种自我满足之感。观察到的绝大多数物质行为已经获得解释，留待解决的问题屈指可数。在这些尚待解决的问题之中，有一个被称为"紫外灾难"的问题尤为棘手。这是一个关于"黑体辐射"的问题，而所谓"辐射"，就是指物质发射出电磁波。一切物质都在发射电磁波，范围从红外线、可见光一直到紫外线，所发射电磁波的波长与物质的温度有关，比如烧红的金属发出的就是可见光。这里所说的"黑体"，是物理学中的一种理想假设，指的是一种"完美的吸收体"——100％吸收来自外部的电磁辐射而没有任何的反射和透射。黑体的提出，一方面是为了计算方便，另一方面它确实也是真实物质的一个较好近似。当时的物理理论已经能够非常准确地预测当电磁波的频率较低时，黑体是如何发射电磁波的。但就这一结果从低频向高频进行推论，却意味着所发射电磁波的频率越高，黑体就应该发射越多的这一频率的电磁波。也就是说，任何物体，即使是处于室温条件下，都应该发射出大量的紫外线，而这显然与现实不符。1900年，马克思·普朗克找到了一种解决方法，能够使理论的预测结果与实际所有频率的电磁波相符合。但在他的解决方法中，必须假定，电磁辐射（包括可见光在内）不再以"波"的形式，而是以"小能量包"的形式，"逐份"地传播能量，普朗克将这个小能量包称为"量子"。

深入阅读｜"黑体"是一种理论构造，它通过对现实物体做一定程度的简化来达到便于数学描述的目的。所谓"黑体"，就是说它能够吸收所有入射的电磁辐射，不会有任何反射进入人眼，从而表现为"黑色"。对于实际物体而言，比如一块金属，通常情况下会反射一部分光，相应的，物体也就会表现为反射光的颜色。黑体也会发射出某种电磁辐射，该电磁辐射的频率完全取决于黑体的温度。在室温条件下，黑体只会辐射出人眼看不见的红外线。当黑体的温度进一步升高，就会开始发射出可见光，即所谓的"热得发光"。

材料｜马克思·普朗克还是一位卓有成就的音乐家，1874年他在与物理学教授菲利普·冯·乔利交谈时，还在征询是选择音乐还是物理作为自己学业的意见。乔利推荐选择音乐，因为在他看来，除了像"紫外灾难"这样的小问题之外，物理学已经没有什么值得去研究了。普朗克最终决定，他将一生与物理为伴，在对细节的孜孜以求中寻找快乐。

量子

主要概念 | 英语中"量子"一词用"quanta"来表示，对于这个词大家可能并不熟悉，其实它不过是"quantum"这个词的复数形式而已。量子的原意其实是"一定量的某种东西"。詹姆斯·邦德出演的电影*A quantum of solace*的中文名是《量子危机》，其实原意是"一份安慰"。通过引入"量子"的概念，马克思·普朗克在不知不觉间开启了一场重新审视"物质和光"的科学变革。

普朗克对于自己提出的"量子"概念并不中意，部分原因是在他看来这似乎是一种"痛苦的倒退"。17世纪早期，艾萨克·牛顿认为光是由微小的粒子组成的，并将之称为"光颗粒"，但很多与牛顿同时代的学者却认为光是一种波。19世纪早期，苏格兰物理学家詹姆斯·克拉克·麦克斯韦通过优美的"麦克斯韦方程组"指出：光是一种电磁波，是电场与磁场相互作用的空间传播。这一观点被人们从理论、实验两个方面予以了明确证实。但英国物理学家瑞利爵士和詹姆斯·吉恩斯却指出，如果将光视作连续波将导致"紫外灾难"，即任何物体在室温条件下都应该辐射出大量的紫外线。普朗克将光束切割，分成"小能量包"，即"量子"。普朗克最早称之为"能量元"，这种方式第一次使得理论结果与实际观测相符合。但在普朗克看来，量子只是他为了使理论与实际相符而引入的一种数学工具，他并不认为电磁辐射真的是由这些"小能量包"构成的。

深入阅读 | 电磁辐射的量子能量具有特定值——电磁辐射频率与一个常量的乘积，这个新引入的常量我们现在称为"普朗克常量"，用"h"来表示。普朗克常量非常小，只有6.626×10^{-34}J/s。如果拿普朗克常量与一个5W电灯泡消耗的能量做比较的话，它们之间相差约10^{34}倍。通常我们认为光的颜色与它的波长有关，但普朗克常量的引入说明，光的颜色也是光量子能量的一种衡量方式。后来，美国化学家吉尔伯特·刘易斯创造了一个更为时髦的新词"光子"，逐渐取代了"光量子"的使用。

材料 | 詹姆斯·克拉克·麦克斯韦提出了一个模型（即著名的"麦克斯韦方程组"）：空间中变化的电场能够产生磁场，同时变化的磁场又能够产生电场，最终形成能够自我维持的电磁波。该模型预测的电磁波波速与光速非常接近。但在该模型提出之时，麦克斯韦正在苏格兰的乡下过暑假，他不得不等到假期结束回到伦敦之后才确认了这一结论。

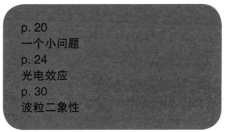

p.20
一个小问题
p.24
光电效应
p.30
波粒二象性

光电效应

主要概念 | 1902年，匈牙利—德国物理学家菲利普·莱纳德发现，在真空中用紫外线辐照金属会产生"阴极射线"，现已确认"阴极射线"其实就是电子流，即利用光的能量产生的电流。这一现象其实并不奇怪，只要有足够的能量，光是一定能够"撞击"电子并使之释放出来的。但上述光电效应却没有按照人们预期的方式来表现。如果光是一种波（19世纪以来也是一直这么认为的），那么光的强度越高，产生的电子数量应该越多，就好像越大的波浪会对海滩造成越大的破坏一样。但莱纳德却发现，能够产生电子的只有那些波长相对较短的光。以红光举例，它的波长比紫外线要长，可无论怎么增加强度，都无法产生电子，这成为物理学中的一个谜。直到1905年，在瑞士专利局工作的阿尔伯特·爱因斯坦通过引入普朗克的"量子"概念，才对光电效应做出了合理解释。爱因斯坦指出：如果"量子"不仅仅是一种有用的计算工具，而是真实存在的，且一个光量子一次只与一个电子相撞，那么能否将电子撞出，取决于该光量子是否具有足够的能量。由于光量子的能量反比于光的波长，因此，只有短波长的光才能够满足条件。

深入阅读 | 1905年，爱因斯坦在解释光电效应论文的开篇指出，物理学家在进行"物质和光"的研究时，存在严重的"形式差异"问题。当时人们普遍认为，物质是由无数原子和电子组成的、具有确定位置和速度的、巨大的物体，而光则被视作连续波。爱因斯坦并没有破坏光的波动理论，因为在描述纯光学现象时，波动理论出色地证明了自己几乎不可能被另一种理论所取代。但爱因斯坦认为，在处理光电效应问题上，只有波动理论是不够的。

材料 | 爱因斯坦获得诺贝尔物理学奖（获奖时间为1921年，但颁奖在1922年），不是因为他在更广为人知的相对论方面的研究工作，而是他对理论物理学的贡献，特别是发现了光电效应的规律。爱因斯坦对量子理论非常反感，甚至在1922年诺贝尔物理学奖颁奖礼上，他的获奖感言都是关于相对论而不是关于"光量子"的。

p. 22
量子
p. 66
量子电动力学
p. 96
爱因斯坦的反对

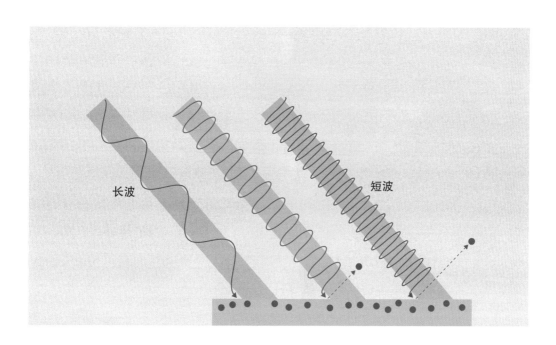

长波

短波

原子光谱

主要概念 | 从17世纪艾萨克·牛顿关于光的研究开始，物理学家对于"太阳光包含各种颜色的单色光"已有共识。但直到1802年，英国物理学家威廉·沃拉斯顿使用"棱镜与透镜"的组合装置对太阳光谱进行聚焦，才第一次发现太阳光谱并不是连续的，中间存在着诸多暗线。当使用衍射光栅能够获得质量更佳的太阳光谱时，人们赫然发现暗线所对应的光波频率，竟然与某些特定化学元素加热时的发光频率相同。看起来之所以会出现这种情况，是因为光穿过太阳外层时，其中的各种元素吸收掉了某些特定频率的光，而这些特定频率正是该元素被加热时发射光波的频率。由此诞生了一门崭新的学科——光谱学，其主要工作内容就是研究这些"特征谱线"。光谱学已成为非常实用的工具，天文学家借助它可发现恒星的化学组成，化学家借助它可识别被加热样品中的化学元素。对于每个化学专业的学生来说，罗伯特·本森的燃烧器是最为熟悉不过的，它就是一种用于产生高温火焰以进行光谱观测的装置。1885年，瑞士数学教师约翰·巴尔默注意到氢元素的光谱线有些古怪——特征谱线的波长不是随意的，而是有某种数学关系，即所有的特征谱线都满足"巴尔默公式"。

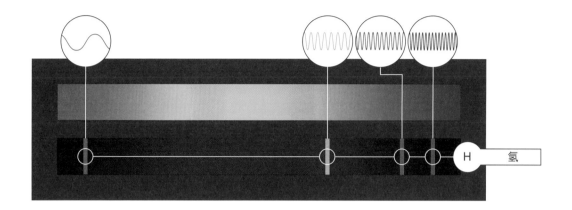

深入阅读 | 氢光谱中各条谱线的波长，正比于一个简单的比率$n^2/(n^2-4)$，其中n为谱线的编号加2。巴尔默发现这一关系时，已是一位年满60岁的老人，他提出的这一公式不仅与已知的氢光谱线相吻合，还预测了一条新的光谱线，这条光谱线随后即被发现。但巴尔默以及随后的约翰尼斯·里德伯的工作都只是纯粹的观察发现，对于谱线之间为什么会有这样的关系没有给出任何解释，这一谜题要等到25年之后尼尔斯·波尔提出原子的量子结构后才能够解决。

材料 | 1868年法国天文学家朱尔斯·詹森注意到太阳光谱中有一条出乎意料的黄线，他误认为这是钠特征谱线的一条。随后同一年，英国天文学家诺曼·洛克耶也发现了这条黄线，他正确推断出这条黄线源于一种未知元素氦，化学家爱德华·弗兰克兰用希腊语中太阳的名字"helios"对它做了命名。

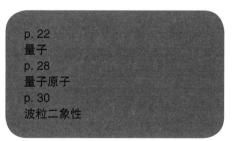

量子原子

主要概念 | 1911年，新西兰物理学家欧内斯特·卢瑟福于英格兰曼彻斯特工作时指出，原子由两部分组成：一是带正电的原子核，它的体积很小；二是核外的电子。人们最先想到的是"太阳系"模型，即电子像行星一样按一定轨道绕核旋转，但电子绕核旋转是变速运动（速度方向一直在变），并会不断地向外辐射能量（电磁波）而使自身能量下降，最终电子将不可避免地落入原子核。1913年，年轻的丹麦物理学家尼尔斯·波尔提出了原子的量子模型。受到阿尔伯特·爱因斯坦和马克思·普朗克的启发，波尔设想的原子模型中，电子只能位于特定的绕核轨道上，在不同的轨道之间电子可以进行瞬间跳跃，这一过程称为"量子跃迁"。跃迁到更高的轨道需要吸收一个量子的能量，即吸收一个光子，而跃迁到更低的轨道则需要释放一个光子。波尔看过约翰·巴尔默关于氢光谱谱线模式的论文后，意识到这为自己的量子模型提供了有力的证据。波尔将电子所在的特定轨道称为"定态"，当电子在两定态之间进行跃迁时，吸收和释放的光子能量相等，即吸收或释放同一特定颜色（波长或频率）的光波。所以各种元素都应该按照上述这种模式吸收和释放能量。尽管最终波尔模型被证明只适用于氢光谱，但不得不说，该模型与光谱吻合得非常完美。

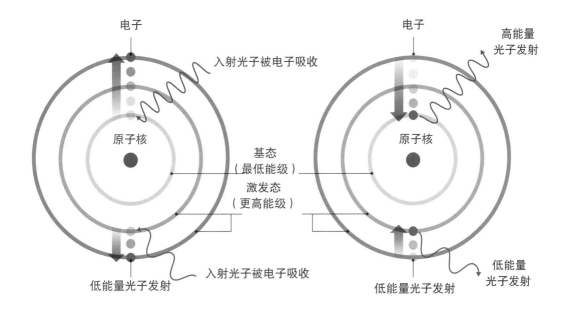

电子　　　　　入射光子被电子吸收

原子核

基态
（最低能级）

激发态
（更高能级）

低能量光子发射　　入射光子被电子吸收

电子　　　　　高能量
　　　　　　　光子发射

原子核

低能量光子发射　　　低能量
　　　　　　　　　　光子发射

深入阅读 ┃ 自从发现原子有一个体积很小、带正电的原子核后，研究者们尝试了各种各样的模型来表征原子的结构。所有模型遇到的是同一问题，即当电子加速时，它会以电磁辐射的方式损失能量。所谓"加速"，是指速率或速度方向变化。绕核旋转的电子，速度方向是一直在变的，所以按照这些模型，电子最终一定会落入原子核内。在波尔模型之前，人们还尝试将电子布置在原子核外的固定位置上，类似于晶体中的晶格。但是最终发现，只有波尔模型才是原子结构的合适描述。

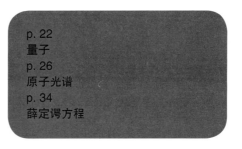

p. 22
量子
p. 26
原子光谱
p. 34
薛定谔方程

材料 ┃ 当命名一种新发现的结构时，从其他地方借用术语，显得非常诱人，比如卢瑟福就是从生物学中借用"核"一词来命名"原子核"的。但是将电子能级称为"轨道"，可能会误导人们联想到太阳系。于是取而代之的是，电子能级被称作"壳层"，而电子位置的概率分布则被称为"轨态"。

波粒二象性

主要概念 | 阿尔伯特·爱因斯坦关于量子是真实实体的大胆假设，意味着长期以来一直被视作"波动"的光，某些时候竟然不得不将其作为"粒子流"来处理，这让传统物理学家感到无比震惊。光的诸多行为如果用"波动"来解释完全行得通，但如果改用"粒子"，在当时看来则似乎是不可能的（后文会证明"粒子解释"是可行的，最初的时候对于量子粒子的处理是有问题的，当时它们被视为如灰尘颗粒一般的真实粒子）。法国物理学家路易斯·德布罗意后来意识到："似波一样的光能够被视作粒子"带来的是一种多么如释重负的解脱感，它开启了物理学认识物质的新的大门。如果似波一样的光能够被视作粒子，那么如电子这样的量子粒子为什么不能被视作波呢？1927年，在德布罗意提出最初设想的4年之后，两位独立的实验者证明一束电子能够产生与光类似的衍射图样。随后不久，电子被用于重复托马斯·杨的"双缝实验"（1801年，托马斯·杨首次使用该实验证明了光的波动性质）。实验结果表明，"电子波"相互干涉产生了干涉图样。孤立地考虑"波动性"或者"粒子性"，对于量子实体而言已经不再现实，因为它实际具有的是一种奇怪的"二象性"。

深入阅读 ｜ 如果一个量子实体，既可以表现为波，又可以表现为粒子，那么将之视作波和粒子的结合体便是合情合理的。但实验物理学家们发现，量子物体或者表现为波，或者表现为粒子，从不会在同一时间既是波又是粒子，且一旦受到观察，波动的相关属性就会消失，而只表现出粒子的相关属性。举例而言，电子表现为波时能够产生干涉图样，但如果一个接一个地对电子做追迹，电子就会"受迫"表现为粒子，而不再会有干涉图样出现。尼尔斯·波尔的哥本哈根小组将量子物体的这种性质描述为一种互补性，即波动性与粒子性之间存在着某种联系。这种联系就蕴含在海森堡的"不确定性原理"之中。

材料 ｜ 德布罗意（更准确地说是路易斯·维克多·皮埃尔·雷蒙德·德布罗意）从未想过成为一名科学家。他出生于法国贵族家庭，身世显赫，并最终于1960年成为第七世德布罗意公爵。德布罗意在巴黎大学求学时，开始学的是历史，但随后发现自己在数学和科学方面有着出乎意料的天赋和热情，于是第二专业选择了物理学——正是这一选择成就了他之后卓尔不凡的学术生涯。

p. 22
量子
p. 34
薛定谔方程
p. 38
不确定性原理

矩阵力学

主要概念 | 尽管尼尔斯·波尔用数学方式描述了氢原子中单个电子的行为，但如以之为基础进行组合运算来预测"多原子量子系统随时间的演变"却是非常困难的。遇到难题时最先提出的方法往往与实际正确的方法、方向完全相反——这一幕在科学史中总是反复出现。尽管波尔模型通过引入"量子跃迁"，看起来似乎远离了"太阳系模型"一步，但它仍会被人们极自然地想象成"电子布居在原子核外一系列球形（后来发展为其他形状）壳层上"的样子。年轻的德国物理学家沃纳·海森堡将上述一切统统抛掉，另辟蹊径，提出了一套与观测相符的数学公式。有些投机取巧的是，海森堡没有将他公式中的内容与现实世界做任何类比，海森堡将之命名为"矩阵力学"。文如其名，矩阵力学涉及的就是一系列矩阵的操作，而所谓"矩阵"，就是二维数组、行、列、数字一类的东西，这些对数学家而言可能司空见惯，但物理学家对此却几乎一无所知。矩阵是如此古怪，举例而言，我们习以为常的数字，$A \times B$ 与 $B \times A$ 是相同的——这一性质被称为"交换律"，在矩阵中却是行不通的。海森堡的矩阵力学源于波尔不同定态间的量子跃迁概念，选择无视了波粒二象性中波的一面。

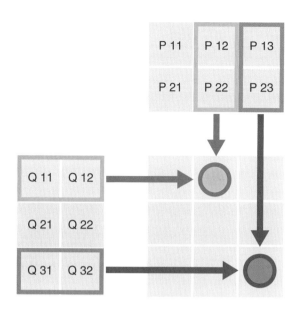

深入阅读 | 海森堡关于矩阵力学的发展，与另一位伟大的物理学家詹姆斯·克拉克·麦克斯韦发展"麦克斯韦方程组"如出一辙。麦克斯韦在学术生涯的早期，遵循基于类比的发展模式举例而言，麦克斯韦电磁模型的一个早期版本会涉及"旋转的六角形物体"和"微小的、流动的、滚珠轴承状的结构"这样的东西。但后来麦克斯韦放弃了类比，转而采用纯数学模型——模型的建立与现实世界中我们能够直接经历的事物毫不相关，在新的模型中只有数字和方程。与麦克斯韦同时代的很多伟大的科学家，如开尔文爵士，都对这种纯数学方式表示无法理解。这一次，相似的阻力轮到"矩阵力学"来面对了。

材料 | 无论是对于完全在数学的基础上建立模型，还是对于"量子场"这种现实世界中根本不存在的概念，现代物理学家都早已见怪不怪。与早期的物理学家逐渐接受"光既是波，也是粒子流"的概念一样，波也好，粒子流也好，都不过是模型而已。现代物理学家已普遍接受"模型不必是对现实的描述"这样的理念。

薛定谔方程

主要概念 | 年轻的奥地利物理学家埃尔温·薛定谔处理量子问题的方式与沃纳·海森堡截然相反。薛定谔研究量子理论的方法，给人的感觉含有更多现实的连续性，完全不像矩阵力学那样充斥着尖锐的不连续感。波是处理光一类问题的经典方法，甚至有些时候也能用于描述离散实体（比如电子）的行为。顺着这一思路，薛定谔建立了一种波动方程来描述量子粒子的运动行为和量子系统的演化规律。他取得了成功，但也为此付出了相应的代价。波动方程似乎表明，随着时间的推移，量子粒子的位置将不再确定，而是弥散开，逐渐覆盖越来越多的空间。这一次是阿尔伯特·爱因斯坦的好友马克思·波恩意识到了为什么薛定谔方程会得到如此奇怪的结果：薛定谔方程的解，并不代表粒子于这一位置出现，而是在该位置找到粒子的概率。这意味着随着时间推移和距离增加，找到粒子的概率会变得越来越高。但在粒子被定位之前（比如测量），能够确定的只有找到粒子的这种概率分布，而不是一个实际的位置。后来，薛定谔方程和矩阵力学被证明是能够相互转换的。

$$i\hbar \frac{\partial}{\partial t}\Psi(t) = \hat{H}\Psi(t)$$

深入阅读 | 薛定谔方程的基本表达式中包含参数i，这是一个虚数，代表–1的平方根。我们知道1×1=1，–1×–1=1，显然在我们学过的实数范围内，没有什么东西与自身相乘会等于–1，但我们人为引入了i，并设定它满足这一要求，即i×i=–1。虚数在波动力学中频繁出现，它其实是复数的虚部。所谓"复数"，包含实部和虚部两部分，它能够有效地表示一个量在二维空间中的变化。但使用虚数时一定要注意，i所在的虚部并不是现实特征的直接描述。幸运的是，我们真正需要的并不是薛定谔方程的解，而是它的平方，这样就恰好将虚数去除掉了。

材料 | 薛定谔方程的波恩解释，揭示了量子理论的概率本质，这是量子物理中至关重要的一面，也是爱因斯坦尤为抵制的一面——虽然量子理论就是在他的帮助下开始发展起来的。爱因斯坦早已对波尔原子模型所表现出来的量子世界的不连续性表示反感，他始终坚信在随机的表象之下，一定存在着某种东西是能够确定的。

p. 34
薛定谔方程
p. 42
量子双缝
p. 44
量子自旋

薛定谔的猫

主要概念 | 令物理学家埃尔温·薛定谔不安的是，马克思·波恩对薛定谔方程的解释意味着"概率对现实世界的冲击"。这不仅仅是使用概率分布而不使用具体坐标来描述粒子位置的问题。举例而言，假设一个粒子的一个属性（比如量子自旋）有两种状态，那么粒子有50％的可能处在状态A，也有50％的可能处于状态B。这种说法，通常出现在我们投完硬币之后，还没有去看结果之前。但是只要我们投出了硬币，它就100％地处于了一个状态，要么是字，要么是花，虽然我们不知道具体是哪一个，但肯定是二者其中之一。而量子粒子在被观测之前，处于一种"叠加态"，也就是说，按照一定的概率分布并同时处于两种状态。这里没有什么"隐藏的现实"可言（注："*Hidden Reality*"是一本介绍平行宇宙的科普书）。为了表现"叠加态"是何等的荒谬，薛定谔提出了著名的思维实验——薛定谔的猫。密闭的盒子中有一只猫，猫的死与生，取决于一个量子粒子的状态。如果粒子处于状态A，猫活着；如果粒子处于状态B，探测器检测到这一信息，就会放出毒气，将猫杀死。按照波恩的解释，在我们对该粒子进行观测之前，粒子处于"叠加态"，猫也将"同时处于死和生的叠加状态"。那么请问，可怜的猫咪是变成"活死人"了吗？

p. 34
薛定谔方程
p. 42
量子双缝
p. 44
量子自旋

深入阅读丨很多物理学家认为"薛定谔的猫"毫无意义，没有作为问题予以解决的价值，他们的观点是"粒子处于叠加态"，并不是"粒子同时处于两种状态"。他们认为，当一个粒子的状态是概率性的，它并不是同时处于两种状态，而是它现在的状态还没有确定。现在能够确定的只是处于各种状态的概率，只有当对粒子进行观测的时候，粒子的状态才得以确定，我们才能获得相应的值。对于"粒子的位置在不断弥散"也是一样的，并不是粒子同时处于空间中的各处，而是在观测之前，粒子没有一个确定的位置。观测之前，存在的只是概率。

材料丨"薛定谔的猫"已成为量子物理古怪性的标志性代表。尽管几乎没有物理学家真把它当回事儿，但在很多的论文标题中都有提及这只"猫"，比如"薛定谔的猫现在胖了""不止一种方法能够给薛定谔的猫进行剥皮"等。但在薛定谔长达15页的原始论文中，这个思维实验其实只占据了很小篇幅。

不确定性原理

主要概念 | "薛定谔的猫"之后，量子物理最广为人知的概念莫过于海森堡的"不确定性原理"。非科学人士引用不确定性原理，往往是从字面意思出发，意指世间万物都是朦胧而不可知的。但与薛定谔方程的概率性相似，其实不确定性原理是一个精确的数学关系式，它限定了我们获知某一特定值的能力。不确定性原理将量子系统的一对属性联系在了一起，如动量（质量乘速度）和位置、能量和持续时间等。不确定性原理指出，对于上述的一对属性，如果我们对于其中一个了解得越精确，那么对于另一个而言，我们就会了解得越不精确。举例而言，如果我们准确知道了一个量子粒子的位置，则关于其动量的信息我们将一无所知——它可以是从零到无穷大之间的任意值。同样，如果我们将量子系统限定在一个精确的时间段内，则其能量变化的范围将是任意的。不确定性原理对于理解量子粒子的性质至关重要，因为正是这些量子粒子组成了我们的大千世界。不确定性原理的一个直接推论就是我们无法获得完全静止的量子粒子——因为在这种情况下，我们同时精确掌握了粒子的位置与动量，这与不确定性原理是相悖的。由于在绝对零度时，粒子应是静止不动的，反过来说，无法获得完全静止的粒子，即意味着我们永远不可能达到绝对零度。

深入阅读 | 海森堡首次提出不确定性原理时，在他的描述中有一个错误。在那次演讲中，海森堡举的是显微镜的例子，他说："在我们用光来观察一个量子粒子的时候，不可能同时确切知道粒子的动量和位置，因为光对粒子的撞击会对它造成影响。"尼尔斯·波尔当时恰好在场，将他的这一说法直接予以驳斥，因为如果按照海森堡所说，似乎是观测的这一行为导致了不确定性。而实际情况是，无论我们是否对量子粒子进行观测，这种不确定性始终存在，它是量子粒子的一种基本属性。

材料 | 位于瑞士日内瓦附近的欧洲原子核研究中心（CERN）有一台"大型强子对撞机（LHC）"，它就是基于不确定性原理而搭建成的。粒子加速器本不需要很大，早期的型号都是能够放在工作台上的"桌面设备"。但大型强子对撞机所进行的工作对位置测量精度的要求之高简直令人难以置信，这也意味着需要大型设备对粒子进行加速，使之获得足够的能量，达到极高的动量水平，从而才能获得极精确的粒子位置信息。

不相容原理

主要概念 ｜ 奥地利物理学家沃尔夫冈·泡利也许是第二代量子物理学家中最不为人知的一位，但他不只提出了原子的量子模型，甚至以他的名字命名了量子物理的一个基本特性——"泡利不相容原理"。1913年尼尔斯·波尔首次提出了原子的量子模型，但该模型只对氢原子有效。对于序号大于氢的其他元素原子，随着核外电子的数量越来越多，波尔模型变得难以描述。化学家吉尔伯特·刘易斯（"共价键"概念的提出者）认为，原子结构中存在着"某种东西"，使得核外电子壳层上如果布居偶数的电子，将使原子变得更加稳定。如对于8个电子而言，可以和立方体的8个顶点相对应，立方体是稳定结构，所以，一个电子壳层如果容纳8个电子，也会变得特别稳固。波尔首次提出原子模型的9年后，对其进行修订，再次提出了一个"升级版"——壳层具有特定的电子容纳能力：最内层只能容纳2个电子，然后依次外推是8个、18个。泡利为波尔的新原子模型提出了一个符合逻辑的假说，即电子的状态由4个不同的性质决定，分别是能级（决定电子处于哪一个壳层）、动量、角动量和位置（后改为"自旋"）。而泡利不相容原理指出，在同一量子系统中，没有任何两个电子具有完全相同的上述4个性质。

深入阅读 | "泡利不相容原理"是绝大多数化学反应所遵循的基本原理，它一方面定义了电子在壳层中的布居方式，一方面限定了不同化学元素之间的反应方式。化学反应取决于原子最外层中的电子和"空穴"，举例而言，惰性气体（如氦、氖）几乎不与其他化学元素反应，就是因为它们最外层中的电子是满的。不相容原理对于"电子的可用性"也有非常大的影响，这在电力传输、半导体制造、物质自身性质等方面都至关重要——毕竟核外电子的结构决定了原子的尺寸大小。

材料 | 满足"泡利不相容原理"的粒子，如电子、质子、中子等，被称为"费米子"（用恩里科·费米的名字命名），其行为方式在数学中用"费米–狄拉克统计"来进行描述。当然，还有一种与之相对的"玻色子"，我们在后文会讲到。

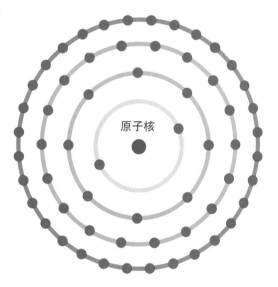

原子核

量子双缝

主要概念 | 1801年，英国著名学者托马斯·杨向世人展示了光的波动性。他将光通过两条狭缝投射到显示屏上，得到了明暗相间的条纹——这是只有波发生干涉时才会发生的现象。如果按照爱因斯坦所说，光束是光子的集合，那么当光束遇到双缝时，每一个光子都会从其中一条狭缝通过。按此推论，我们在显示屏上看到的应该是与两条狭缝分别对应的两团光斑——这显然与事实不符。薛定谔方程围绕这一问题进行探索，重新引入了波的概念，不过不是实体波，而是"概率波"，即入射光波通过两条狭缝后分为两条，这两条光波以概率波的方式相互干涉，形成了干涉条纹。随着技术的日益进步，进行新的双缝实验，即一个一个地发射光子让其通过双缝已成为可能。虽然一个孤立的光子落到显示屏上不会得到任何有用的结果，但随着时间的推移，当越来越多的光子落到显示屏上时，屏上逐渐显示出了明暗相间的条纹分布，这就是我们熟悉的波的干涉图样。由此，概率波假说也相应地获得了证实。但如果在光子通过狭缝时，使用探测器进行观测，以确定光子通过的是哪条狭缝，干涉图样就会消失，屏上只会留下两团与狭缝相对应的光斑。

深入阅读 ┃ 杨氏双缝实验证实了光的波动特性，其干涉条纹与在平静的水面上相互靠近地扔进两颗鹅卵石所产生的水波条纹一样。不同的鹅卵石激起的水波，相遇时会发生两种情况：如果两束波相位相同，也就是说同时升起、同时下降，则两束波相互增强，这对应双缝实验中显示屏上的亮条纹；如果两束波相位相反，也就是说在同一时间一个上升、一个下降，则两束波相互抵消，这对应双缝实验中显示屏上的暗条纹。

p. 30
波粒二象性
p. 34
薛定谔方程
p. 56
波函数坍缩

材料 ┃ 杨氏双缝实验证实了光是一种波，但是这个实验之所以能够被提出，是托马斯·杨受到了"温度影响露珠形成研究"的启发。托马斯·杨在使用蜡烛观察水滴时发现，当光照射到附近的白色表面时，会形成彩色的环。他想知道产生这种现象的原因是不是光波的干涉，因此才设计了双缝实验。

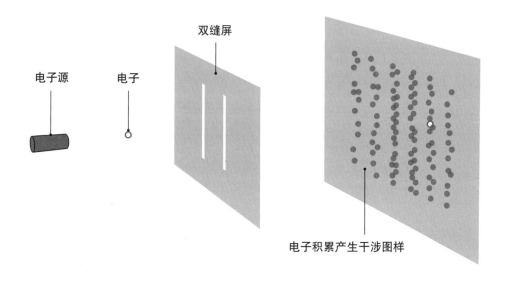

电子源　　　电子　　　双缝屏

电子积累产生干涉图样

量子自旋

主要概念 ｜ "自旋"是量子粒子的基本属性之一。之所以命名为"自旋"，是因为当时人们认为这种性质与角动量（物体旋转时所具有的"动量"，是转动惯量与角速度的乘积）有一定程度的相似性。这是一个很自然的类比，因为在我们所处的物理世界中，有相当多的事物都在做转动，比如行星的自传，而在最初提出量子自旋概念时，其实是把核外电子的运动想象成了行星绕太阳的转动。量子自旋其实和"旋转"没有任何关系，虽然看上去这名字起得有些随意，但我们也毫无办法（这就是传统的力量），相似的情况在后面讲到夸克相互作用时还会遇到（夸克的"颜色"属性）。表征电子在原子轨道中的状态需要4个参数，自旋就是其中之一，同时自旋也是泡利不相容原理的考量对象。自旋是一个纯量子现象，对于一个粒子，无论它实际沿哪个方向旋转，自旋态只有两种，要么处于"上"，要么处于"下"。与前文中粒子的位置其实是一系列"概率"的集合相似，在实施测量之前，粒子的自旋态也是"上"态与"下"态的叠加，我们唯一能够确定的是"上"态与"下"态的概率之和。

p. 40
不相容原理
p. 98
EPR佯谬论文
p. 100
贝尔不等式

深入阅读 Ⅰ 量子粒子自旋的大小是不变的，它是粒子的某种固有属性。不要把自旋与传统意义上的旋转联系在一起，它们之间没有任何共同之处。每一个粒子都有一个自旋量子数，用于描述粒子所具有的自旋的数值，且该数值只能为1/2的整数倍，如0、1/2、1、3/2等。自旋量子数为半整数的是费米子，如电子、夸克等；自旋量子数为整数的是玻色子，如光子。后面我们会讲到，量子自旋是一个非常有价值的属性，在探索"纠缠"等量子现象时表现得尤为突出。

材料 Ⅰ 量子自旋在"斯特恩-盖拉赫实验"中第一次获得了直接证实。实验中，一束中性的粒子通过一个不均匀的磁场（磁场方向与粒子束方向垂直），如果粒子真的有某种旋转的话，旋转产生磁矩，磁矩在磁场的作用下将使粒子发生偏转，因此将在一连串偏转方向上接收到该粒子。而实际情况是，只在上、下两个固定的偏转位置有粒子被接收到，也就是说一个粒子只有上、下两个固定数值的自旋态，即自旋是量子化的。

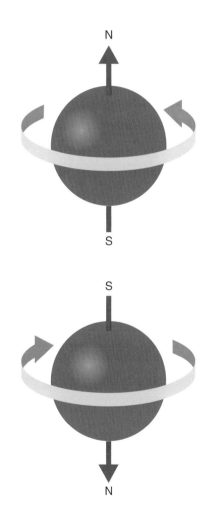

"从常识的角度出发，量子电动力学所描述的自然万物无疑是荒谬的。但它却与实验完全相符，所以我衷心地希望你能够接受自然万物本来就是荒谬的这一事实。"

——理查德·费曼

第2部分

量子行为

量子理论趋于成熟

20世纪20年代，波尔、海森堡、薛定谔三人的划时代工作，将量子物理从"一个具体问题的有限解"发展为"量子系统的详细描述"，即量子理论的适用领域从单量子粒子扩展到了整个量子粒子集合。但在这个阶段，量子理论仍有其局限性。一些物理学家对"概率性"仍有疑义。当我们观察一个粒子，比如"双缝"实验中一个光子撞击到了显示屏上，它显然有一个明确的位置，因此这里必须要有"某种机制"，能够将粒子从"概率的集合"转变为"所观察到的具体位置"。这个神秘的机制被称为"波函数坍缩"，即观测行为导致量子粒子失去了概率性。但有些人认为引入这种机制过于生硬，需要提出更好的解释才行。物理学家现在更中意一个被称为"退相干"的概念，它同样是在描述"观测导致概率性丢失"这一过程，却不再需要波函数进行坍缩了。

除了更好地理解上述机制以外，物理学家还在不断扩展量子理论的适用领域。很多量子粒子以高速运动，因此引入狭义相对论就变得势在必行。20世纪20年代末，英国物理学家保罗·狄拉克找到了将原始波动方程与相对论相结合的方式。但为了使新波动方程能够成立，狄拉克不得不提出了"负能电子海"的假设，即电子存在负能级，但这些负能级已被电子所占据，处于负能级的这些电子所具有的也是"负能量"。尽管看起来有些奇怪，但"负能电子海"的概念是经受得住检验的，而且它还预测了一种新物质——正电子的存在。

反物质和量子场

"反物质"指的是这样的一类粒子，它与我们知道的现存粒子几乎完全相同，只在"电荷"等属性上数值截然相反。狄拉克提出"负能电子海"假设的几年后，第一个反物质粒子——正电子（也被称为反电子）即被发现。反物质最终将被证明，它也是宇宙构造的重要参与者，当然这是后话。如果有足够多的能量，光子可以转变为一对粒子，其中一个是正物质，另一个是反物质。现在人们普遍认为，宇宙中的万物就是通过这种方式产生的。就像量子理论中经常发生的一样，一个问题得到了解决，却又因此引发了新的问题，正所谓"按下葫芦浮起瓢"。但这次遇到的问题，至今仍没有得到完美解答，那就是：宇宙中的反物质究竟发生了什么？为什么与正物质相比，它

看起来是如此稀少？

与此同时，量子物理学也在悄然间发生着蜕变，从主要处理粒子或波动转为研究场论。"场"的概念是19世纪末为解释电磁现象而引入的，从这时开始，研究方法就逐渐地从粒子、波等单个实体演变为看似"虚无缥缈"的场。场实际是一种物质，充斥着所在空间，场在空间中各个位置的数值随时间变化。由于场的乱入，人们不由会变得心烦意乱：光真的是粒子吗？电子真的是波吗？还是它们都只是某种量子场的扰动？面对这种困扰，我们需要记住的是，粒子也好，波也好，场也好，都不过是某种模型而已，我们用这些模型对现实世界进行描述，是为了便于我们更好地进行计算和预测。举例而言，我们并不是说光就是一种粒子，或者就是一种波，或者就是一种场，提出某种模型的目的，其实只是为了在某些特定情形下便于描述，比如量子场论这种构造模型的方式，在很多计算中就非常有价值。

光和物质相互作用

截至20世纪40年代，量子场论中发展最为蓬勃的非"量子电动力学"莫属，英文中习惯将其简写作"QED"。量子电动力学的研究领域不仅涉及单个粒子（如前所述，选择"粒子"这种模型进行描述，只是我们的习惯用法，你也可以称之为"波"或"量子场的扰动"）的行为方式，还包括它们之间的相互作用。至关重要的是，量子电动力学涵盖了光与物质相互作用的所有情形，从最常见的电子对光子的吸收与发射，到物质粒子之间的一切电磁相互作用。

随着物理学家对各种量子相互作用有了更为深入准确的理解，发生在我们身边的各种量子现象就能够获得更加明晰的解释和预测。比如全新的量子方法就能够展示一个光子撞击到一块玻璃屏上时是如何在反射和透射之间进行"决策"的。再比如"量子隧穿效应"的预言与证实：一个粒子面对一个绝对无法逾越的势垒时，竟然可以轻轻松松地"穿越"到另一面。如此不可思议的事情却偏偏发生在眼前，让你不得不惊叹这个世界的神奇，而且它也偷偷地告诉你，量子隧穿效应对地球上的生命至关重要。另外，隧穿效应甚至提供了一种机制，通过这种机制光子的运动速度甚至能够提高到极限速度（即真空中的光速）之上。

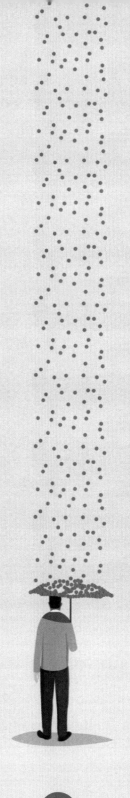

人物小传

阿尔伯特·爱因斯坦（1879—1955）

现代最负盛名的科学家阿尔伯特·爱因斯坦于1879年3月14日出生于德国乌尔姆。从很小的时候开始，爱因斯坦就在与权威奋争，对于学校设置的各种科目，其中一些他非常喜欢，但另一些在他眼里甚至没有任何意义。到15岁时，为了免服兵役，爱因斯坦放弃了自己的德国公民身份。在苏黎世联邦理工学院取得一份"略显普通"的学位后，爱因斯坦没能获得教职，因此他选择在专利局做一名审查员。1905年在专利局工作期间，爱因斯坦发表了4篇极具开创性的论文，其中一篇建立了狭义相对论，一篇展示了质能方程 $E=mc^2$。还有一篇基于光电效应提出了"光量子"概念，成为量子物理的基础。正是凭借此项工作，在1922年，爱因斯坦获得了诺贝尔物理学奖（注：第4篇是关于"布朗运动平移扩散"的）。1915年，爱因斯坦将引力引入相对论中，提出了"广义相对论"。这一震古烁今的杰作一经发表，立时引得举世瞩目，爱因斯坦也因此成为家喻户晓的"科学家"的代表。但也就是从这时开始，爱因斯坦付出大量精力试图破坏经他帮助开创的量子物理学，原因就在于量子物理的概率解释与他一直坚信的"决定论"背道而驰。20世纪30年代，随着德国国内"反犹情绪"的高涨，爱因斯坦不得不离开自己的祖国。爱因斯坦移民美国后，就职于普林斯顿高等研究院，直到1955年逝世，享年76岁。

沃尔夫冈·泡利（1900—1958）

沃尔夫冈·泡利于1900年4月25日出生于奥地利维也纳，与量子物理中那些鼎鼎大名的人物相比，也许他名气不显，但量子物理中一条基本定理"泡利不相容原理"却以他命名，就足以使他彪炳后世了，凭借此项工作，泡利于1945年获得诺贝尔物理学奖。从原子的化学反应行为，到中子星与黑洞，不相容原理在量子理论解释世间万物的过程中扮演着不可或缺的角色。20世纪20年代，泡利在汉堡大学做了关于不相容原理和量子自旋的演讲，毫无疑问，这是他对量子物理做出的最为卓越的贡献。但泡利对量子物理的贡献还不止如此，他还预言了一种新粒子的存在，这种粒子后被称作"中微子"，对于理解核反应机理至关重要。泡利还与精神疾病学家卡尔·荣格合作，既作为卡尔的患者，又辅助其完成相关理论的阐述。泡利于20世纪20年代末定居瑞士，1940年移居美国。第二次世界大战结束之后，他又返回位于瑞士的家中。1958年，泡利在苏黎世逝世，享年58岁。

保罗·狄拉克（1902—1984）

保罗·狄拉克于1902年8月8日出生于英格兰布里斯托尔，他有可能是量子时代几乎无人问津的最重要的物理学家。狄拉克在布里斯托尔大学学习的是电气工程和数学，毕业后来到剑桥大学进行学术研究，直到退休。在剑桥大学期间，狄拉克专注于相对论和量子理论的研究工作，通过引入高速粒子的方式扩展薛定谔方程，使相对论与量子理论二者完美结合。狄拉克所提的新方程，允许电子具有"负能量"，这意味着"最低能级"的概念不复存在，电子可以从"低能级"向"更低能级"不断跃迁。但这一概念与实际观测不符，于是狄拉克进一步假设，存在一个由无限负能量电子组成的海洋（负能电子海），已经把负能级所在的空间都填充满了，正因为如此，被观测到的电子才会只有正能量。狄拉克的这一假说预测了一种全新的粒子——正电子（或称为"反电子"），它将在几年后的实验中被发现。狄拉克的出色工作为他赢得了1933年的诺贝尔物理学奖。在其他方面，狄拉克也取得了非常重大的进展，如证明海森堡的矩阵力学与薛定谔的波动方程二者等价，以及将电磁学纳入量子物理体系等。除了上述这些令人印象深刻的成果，狄拉克最被人所津津乐道的是他那"几乎为零"的社交能力。1984年，狄拉克在弗罗里达塔拉哈西（美国）逝世，享年82岁。

理查德·费曼（1918—1988）

1918年5月11日出生的理查德·费曼绝不是"社交无能"的刻板物理学家形象，他狂放不羁，又热情洋溢，整个学术生涯可以说都是他恣意表演的舞台。第二次世界大战期间，费曼参与了"曼哈顿计划"，他被人所熟知的，除了在核武器的开发中做出了杰出贡献之外，还在业余时间里通过撬开各种保险柜以证明安全的有限性。第二次世界大战之后不久，费曼在基础量子物理学——尤其是光与物质、物质与物质相互作用方面，取得突破性进展。1965年，费曼因对量子电动力学（QED）的发展做出了巨大贡献而获得诺贝尔物理学奖，同年一同获奖的还有朱利安·施温格和朝永振一郎。"费曼图"是费曼做出的最为重要的贡献之一，它能帮助人们计算和解释量子电动力学中的相互作用。1986年"挑战者"号航天飞机失事，费曼作为调查委员会的成员，不仅找到了事故的原因，而且在电视直播中神奇地使用"O"形环演示实验对事故原因给予了证明，费曼也因此成为广受人们欢迎的物理学普及者。1988年费曼逝世，享年70岁。

时间线

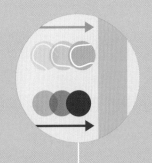

狄拉克方程

保罗·狄拉克提出了一个新方程，用于描述电子在相对论速度（接近于光速）下的行为方式，进而获得了有效的原子量子模型。为了使方程结果与实际相符，狄拉克不得不假设存在"负能电子海"，也正是这一假说促使了"反物质"概念的出现。

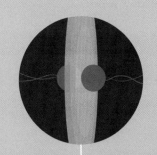

1927年   **1928年**   **1932年**

量子隧穿效应

量子隧穿效应指的是一个量子粒子的概率位置使其能够"穿过"其他方式无论如何不能逾越的障碍。第一个观察到这一现象的是弗里德里希·洪特，次年乔治·伽莫夫就将其引入理论研究中。隧穿效应对于解释恒星内部的核聚变反应至关重要。

反物质

卡尔·安德森于宇宙射线中发现了第一种反物质，它是一种反电子，也被称为正电子。这种与电子属性基本完全相同却带有正电的"电子"，曾被保罗·狄拉克所预言，但最初几乎没有人相信它的存在。所有物质粒子所对应的反物质粒子随后被陆续发现。

量子电动力学（QED）

理查德·费曼、朱利安·施温格和朝永振一郎在保罗·狄拉克工作的基础上，共同发展了量子电动力学（QED），向世人展示了所有的电磁量子现象是如何发生的。量子电动力学涵盖了所有光与物质、物质与物质之间的相互作用，对我们日常生活中遇到的大多数事情做出了解释。

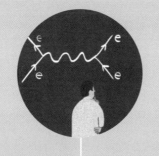

数据发送

冈特·尼姆茨证明量子隧穿效应能够"超光速"地传递信息，他通过量子隧道发送了一段"莫扎特第四十交响曲"的录音，传输速度竟然达到了光速的4倍以上。这一工作在犹他雪鸟城（美国）的一次学术会议上公布，有力驳斥了"量子隧穿效应只能用于发送随机数据"的观点。

1948年   1948年   1995年

费曼图

理查德·费曼引入费曼图，一方面是为了便于量子相互作用的解释说明，一方面是用于量子物理的相关计算。费曼图用直线表示物质粒子，用波浪线表示光子，清晰显示了二者之间的相互作用且其随时间的演变。费曼图虽然看上去简单，却使追踪复杂的相互作用成为可能，从而获得广泛应用。

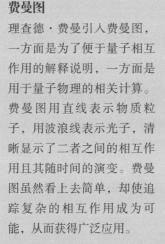

概率当道

主要概念 | 量子物理经常被赋予一种"神秘感"。就如美籍日裔物理学家加来道雄所说："在20世纪提出的所有理论中，最愚蠢的恐怕非量子理论莫属了。"也有一些人说，之所以选择量子理论，唯一的理由是实践证明它确实是正确的。出现这种观点的原因在于，量子物理告诉人们，宇宙万物是由原子、电子、光子等构成的，但这些粒子的行为方式，却与它们构成且相互作用的宇宙万物完全不同。如果我把一个球放在一个地方，除非有人或物来移动它，否则它就会一直待在那里。如果我把这个球投出，它的运行轨迹是完全可以预测的。如果我用一块平面镜来反射光束，反射光与镜面的夹角一定与入射光与镜面的夹角相等。但现在量子物理却说，构成球、光束、镜面的粒子都必须遵循"概率"规律。也就是说，当我们从量子的角度观察光在镜面的反射时，组成光束的每一个光子，不再具有确定的反射方向，而是向所有的方向反射都有一定的概率。通常情况下，绝大多数概率会相互抵消，但如果我们把一部分镜面移除，部分概率未能被抵消掉，光就会反射到令人意想不到的方向上。

深入阅读丨量子粒子的概率性，有时会让人感觉有"量子行为是随机、不可预测的"意味，但物理学家很快指出，概率规律本身不是随机的，而是确定的。举例而言，"薛定谔的猫"这一思维实验引入了衰变粒子，这种情形下确实存在概率，因为我们不知道粒子什么时候会发生衰变——实际情况是我们也不可能知道。经过一段时间，没有对衰变粒子进行观测，该衰变粒子就会处于"未衰变"和"已衰变"的叠加态中。但我们能够准确地指出这个粒子的"半衰期"是多少，这是一个固定的时间，意指在这段时间内，粒子会有50%的可能性发生衰变。

p. 36
薛定谔的猫
p. 38
不确定性原理
p. 42
量子双缝

材料丨拿一张CD或者DVD光盘，然后倾斜一个角度，就会有彩虹图案出现在碟片表面，这是量子物理概率性的直接体现。光盘存储信息的方式是在金属反射箔上"挖"一些微小的凹坑，这些凹坑会阻止光线一部分可能的反射路径，因此就会在一些意想不到的方向上发生反射，而此时的反射角是随波长变化的，从而在碟片表面形成了彩虹图案。

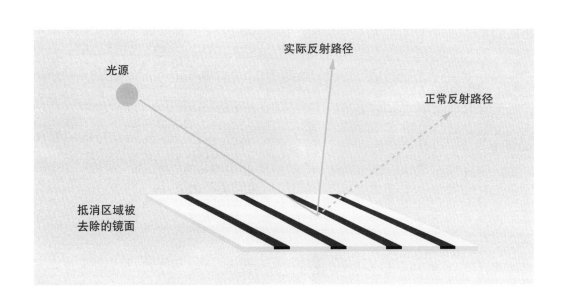

光源

实际反射路径

正常反射路径

抵消区域被去除的镜面

波函数坍缩

主要概念 | 在量子理论的最初构想中，受到最多争议的，也许就是所谓的"波函数坍缩"了。根据薛定谔方程，量子系统的状态可以用波函数来表示，薛定谔方程的解（更确切地说是"解的平方"）显示了在空间中各处找到粒子的概率。波函数随时间演变，各处的概率也随之向外扩展，覆盖了更宽广的空间。但如果对粒子进行观测，它的波函数就会进行所谓的"坍缩"，出现在一个确定的位置（粒子在该位置的概率是100%，在其他位置的概率均为0）而被观测到。一些人对"波函数坍缩"的含义持有异议，"坍缩"描述的到底是什么物理量的变化呢？量子系统的某个属性（比如粒子的位置），从可能态的叠加变成某一确定的位置，这一过程量子物理没能给出机制以说明原因。之所以要这么表述，是因为实际情况就是这样，但为什么会这样，没有任何说明。有些人认为"波函数坍缩"根本就不是什么重要的问题，可以不予考虑（现在仍有一些人是这么认为的），他们的观点可以简单总结为"闭上嘴，去计算就好了"。也就是说，在他们看来，只要薛定谔方程的结果与实际观测相符，去猜测"实际发生了什么"是毫无意义的事情。我们永远不可能直接与"真实"相连（这里的"真实"，指的是系统未被观测时的状态），所以对"波函数坍缩"的担忧也就变得毫无意义。

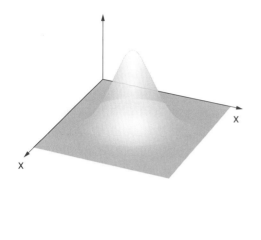

深入阅读 | 传统意义上，观察者与实验本身是有一条清晰的分界线的。但是我们可以把观察者与实验结合在一起，看作一个新的系统。"波函数坍缩"可以说是一个相对的概念，波函数要不要坍缩取决于孤立的量子系统是不是被观测。无论导致波函数坍缩的是什么，比如说是观察者对粒子的观测，观察者本身都可以作为"实验和观察者组成的"更大的量子系统的一部分。对于这个更大的量子系统，是不存在坍缩的，因为整体而言，实验及其所处环境组成的整个系统，是一直在遵循薛定谔方程相关规律的基础上而运转的。但实际上，"整个系统"通常过于复杂，我们难以对它的时间演变过程进行计算。

材料 | 自伊曼努尔·康德时代以来，"我们不可能直接与真实相连"就作为一个科学哲学问题而困扰着人们。在18世纪，康德就对"真正的现实"——物自体与"我们的观察"做了区分。所谓"我们的观察"，只是对感官输入信息的解释，而远不是对"事物本身"的真实描述。

p. 34
薛定谔方程
p. 58
退相干
p. 88
哥本哈根解释

退相干

主要概念 | 部分物理学家对"波函数坍缩"的概念极为不满，他们提出了一个全新的、微妙的、"坍缩"的变体概念——退相干。实际上，退相干使用的，就是我们前面在更广阔系统下采用的方法，即不只包含受观测而"坍缩"的部分，还包含会对该部分造成影响的宇宙中的一切，但退相干的方法却不会使相关计算变得过于复杂。以量子粒子的行为为例，退相干所设想的实验并不真实经历波函数坍缩，而是粒子的波函数与其他物体（比如另一个粒子）的波函数相互作用，引起表象的坍缩。也就是说，两个粒子之间产生了一种联合效应，使得看起来像是波函数发生了坍缩。实际解释称之为"量子纠缠"，也就是说，一个粒子与另一个粒子"纠缠"在了一起，它们之间相互作用，不再各自作为完全独立的个体。相比于波函数直接坍缩，退相干的优点是：它确实提供了一种表象上发生坍缩的解释，而不是简单粗暴地陈述"事情本来就是这样子的"。量子理论的诸多解释，特别是"多宇宙解释"，使用的都是退相干，而避免使用"坍缩"。

深入阅读 ｜ 一项技术越是直接使用量子态，来自退相干的问题就会越大，比如新兴领域自旋电子学，使用了电子的自旋和电荷。很多团队都致力于量子计算机的研究，不同于传统计算机使用"比特"（值取0或1）作为计数单位，量子计算机使用"量子粒子的叠加态"来实现相同的功能。如果设备中使用的粒子与周围的环境发生了相互作用，退相干就会发生，相应的量子计算就会以失败告终。长达40年的时间里一直困扰量子计算机，使之不能从理论走向实用的主要问题之一，就是如何在任意时间尺度上避免退相干的发生。

材料 ｜ 退相干的概念起源于量子物理中的"纠缠"，而这一物理学术语是埃尔温·薛定谔1935年在剑桥大学哲学学会上演讲时引入的。因为纠缠要求量子粒子能够在相隔一定距离的情况下相互作用，爱因斯坦将之称为"幽灵的超距作用"。

p. 56
波函数坍缩
p. 90
玻姆解释
p. 98
EPR佯谬论文

狄拉克方程

主要概念 ｜ 薛定谔方程描述了量子系统随时间的演变，使量子物理学的发展向前迈进了重大一步。但薛定谔方程没有考虑狭义相对论的影响，在粒子做高速运动时，其行为方式是与预期相去甚远的。英国物理学家保罗·狄拉克于20世纪20年代提出了薛定谔方程的相对论形式。狄拉克的工作是在原子的波尔模型基础上发展起来的。波尔模型有其局限性，如只适用于单电子原子，只能应用在低能量情况下，因为这时相对论效应较小，可以忽略不计。狄拉克方程使得处理快速运动的电子和复杂的原子系统成为可能，其得出的结果也与实际观测相符。但不幸的是，应用狄拉克方程有一个前提条件，那就是必须假定电子既可能拥有正能量，也可能拥有负能量，而拥有负能量的电子是什么样子，没有人能说清楚。如果电子能够布居在负能级上，原子核外的电子就可以不断地向更低的负能级跃迁，而以发射光子的形式不断地释放能量。这一过程可以无限地进行下去，因为负能级的这口"井"是深不见底的。为解决这一问题，狄拉克又做出了进一步假设，即存在一片无限负能量电子的海洋（负能电子海），已经把所有的负能级填充满了。负能电子海假设的含义就是，所有观察到的电子之所以都含有正能量，是因为负能级已满，只有正能级可供这些电子进行布居。现实是，一半已满，我们观察到的一切都发生在另一半之中。

p. 28
量子原子
p. 34
薛定谔方程
p. 64
反物质

深入阅读 ｜ 当一个电子吸收一个光子后，它将发生量子跃迁，从当前能级"跳跃"到更高的能级上。这一过程不但适用于正能量电子，也适用于负能量电子。电子跃迁后，能级上留有一个空穴，一个新的正能量的电子跃迁到该能级，就把这个空穴重新填充上了。数学上已证明，负能量电子与正能量电子几乎完全相同，唯一的差别在于负能量电子带的是正电荷。负能量电子被称为正电子或反电子，将在之后被发现。如果正能量电子占据空穴，电子即被原子"捕获"，释放出光子。但如果正能量电子与正电子相撞，它们将共同湮灭（即不复存在），只留下能量。

材料 ｜ 与狄拉克进行对话，是一件广为人知的尴尬事，对话的过程中狄拉克所给的回复，要么极为简短，要么极为怪诞。比如在介绍自己妻子的时候，狄拉克会称呼为"魏格纳的妹妹"，让你一头雾水（这里提到的这位魏格纳，是匈牙利物理学家尤金·魏格纳，他是狄拉克妻子的哥哥）。还有更离谱的，在狄拉克的家里，他的母亲讲英语，而他的父亲竟然只讲法语，以至于狄拉克小时候竟然会认为这个世界上的男人和女人本来就是讲不同语言的。

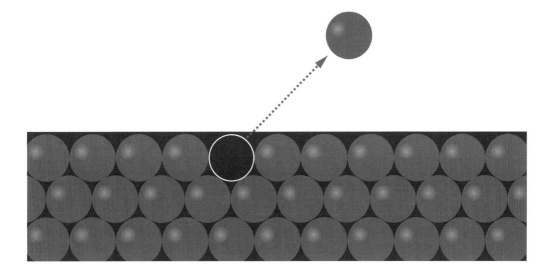

量子场论

主要概念 | 尽管薛定谔方程和狄拉克方程在解释量子粒子的行为方式方面具有莫大的价值，但对于描述量子粒子之间（比如光与物质）更为广泛的相互作用时却显得无能为力。光的经典描述是以场论为基础的，先是迈克尔·法拉第给出了一个描述性的概念，随后詹姆斯·克拉克·麦克斯韦给出了严格的数学定义（麦克斯韦方程组）。对于光的描述，隐含着"场"的概念，而所谓"场"，是一种假想的事物（注：语境不同，场有时指的是"某物理量的空间分布及其时间演变"，有时指的是一种特殊的物质），它充斥着整个空间，空间中各点场的数值不同，且随时间演变。场在二维空间的对应物是"等值线图"，该图提供了二维空间中各点所具有的数值。"场"的引入，使得在解释电学、磁学相关现象的时候，可以不再诉诸于"超距作用"。比如磁铁使铁质物体移动，不是磁铁对远处物体直接施加了一个力，而是磁铁在空间中产生了磁场，远处的物体感受到了这个磁场，进而在磁场的作用下运动。而光作为一种电磁波，就是变化的电场与变化的磁场之间的一种相互作用。量子场论所描述的是小尺度量子现象的相关性质，第一个使用者是保罗·狄拉克，他要求场的数值必须是量子化的。量子场论把现实描述为"某种行波场的涨落"，以光为例，光的传播就是光波场在空间中的涨落，因为场的数值必须是量子化的，即这里的涨落就是我们前面所说的"光子"。

深入阅读 ｜ 一些物理学家将现实视作"彼此交叠的量子场的集合"，称之为"Bulk"，在他们看来，所有的现象都不过是各种量子场的涨落而已。尽管这种描述现实的方式过于刻板和数学化，与海森堡的矩阵力学如出一辙，但毕竟是刻画宇宙的一种方式。使用量子场论来描述现实无疑是非常方便的，它可以通过数学上的运算操作来表征量子的各种行为。但需要注意的是，与"波""粒子"相似，量子场也不是现实本身，而只是一种模型，我们之所以使用它，是因为它能够让我们更好地对所观察到的现实做出解释。

p. 30
波粒二象性
p. 34
薛定谔方程
p. 66
量子电动力学

材料 ｜ 场的概念与一个古老的观点——以太，产生了强烈的呼应，这种假想的光波的传输介质，被认为充斥着整个宇宙空间，但不可见。当光表现为波时，它在真空中如何进行波动，是一件令人难以解释的事情，除非认为宇宙空间中填充有以太。但是，在以太的概念提出时，它被认为是一种实实在在的物质，而不是宇宙空间本身的一种属性。

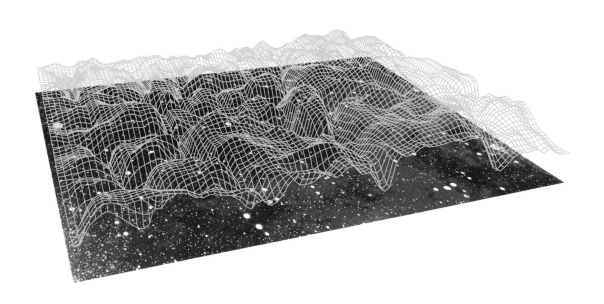

反物质

主要概念 | 反物质的概念来源于保罗·狄拉克关于"负能量电子"的预言，他在处理"狄拉克方程"的负能级问题时，假设存在"负能电子海"，所有的负能级已经被负能量电子填充满了。如果狄拉克的假设成立，那么处于负能级上的电子，通过吸收一个光子，就能够跃迁到正能级上，而在原来的负能级处留下一个空穴。带有负电荷和负能量的电子空穴，即等价为带有正电荷和正能量的反电子（或称为正电子）。狄拉克预言存在反电子的几年之后，人们就从宇宙射线（即太空中的高能粒子射线）中发现了这一新粒子。正电子与电子具有相同的质量，但具有相反的电荷。狄拉克"负能电子海"的一项推论指出，一个普通的带有正能量的电子，是可以落入一个带负电的空穴中的。如果这种情况发生，电子将会消失，并以光子的形式向外辐射能量。这就意味着，如果物质粒子与反物质粒子相撞，它们会彼此湮灭，而完全转变为能量。几年之后，一种新方法也推导出了狄拉克方程的结果，在这个方法中，不再需要"负能电子海"的假设，但是由"负能电子海"引发的反物质的概念仍至关重要。

深入阅读 | 每一种物质粒子都有对应的反物质粒子。如果是带电粒子，那么物质粒子与反物质粒子之间的差别就在于所带电荷的电性相反。举例而言，反质子与质子质量相同、所带电荷相同，但质子带的是正电，而反质子带的是负电。欧洲原子核研究中心（CERN）在实验室中制造出了"反氢原子"，即一个反质子构成的原子核，核外是一个正电子。但像反氢原子这样的电中性反粒子，人们很难对它进行操控，因为它不像普通带电粒子那样受到电磁场的约束，而是与对应的物质粒子一经相遇，就相互湮灭。电中性粒子，如中子，也有反粒子，只是这时物质粒子与反物质粒子之间，不同的不再是电荷电性，而是其他特征量。光子及与光子相似的粒子，没有反粒子，或者有时可以认为它们的反粒子是它们本身。

材料 | 光子是一种能量，通过质能方程 $E=mc^2$ 可以转换为物质，即生成等量的物质与反物质。宇宙中所有的物质都来自光子，但令人奇怪的是，与物质相比，反物质的量会如此之少，以至于人们在日常生活中几乎看不到。一个推测是，大部分的反物质通过某种方式与我们所在的这部分宇宙发生了分离，也就是说宇宙分裂成了两个，我们所在的这个宇宙，物质多，反物质少，而在另一个宇宙中物质少，反物质多，但两个宇宙中物质之和是等于反物质之和的。另一个更可能的推测是，在宇宙诞生的初期，超重粒子衰变采用的是不对称的方式，相比于反物质，更多的物质生成了。

p. 62
量子场论
p. 60
狄拉克方程
p. 66
量子电动力学

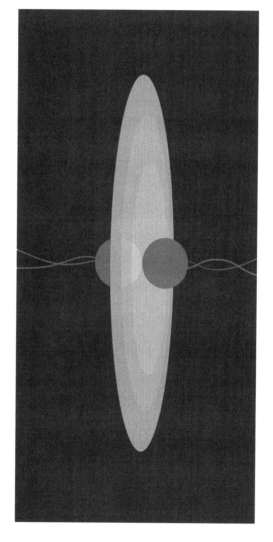

量子电动力学

主要概念 ┃ 量子电动力学，英文简称QED，基于电磁学原理，描述了光与物质、物质与物质之间的相互作用。第二次世界大战结束之后，美国科学家理查德·费曼、朱利安·施温格和日本科学家朝永振一郎各自独立发展了量子电动力学的相关理论，也正是由于在这一领域的杰出贡献，1965年三人共同获得了诺贝尔物理学奖。费曼最为热衷的事情，莫过于强调量子电动力学与日常经验之间的巨大差异——在量子电动力学的领域里，粒子有可能选取任何一条可能的路径。费曼曾说道："我的任务是说服你不要因为不理解QED而转身离去。不光你不理解，我的物理学专业学生也不理解，甚至连我也不理解。这个世界上没有人能理解。"尽管量子电动力学的理论如此怪异，在处理相关量子问题时却相当有效。虽然量子电动力学是一种量子场论，但出于实用目的，费曼将量子场的扰动视作一种"粒子"，光与物质之间所有与"波动"相关的行为，都使用量子粒子的"相位"属性来处理。所谓"相位"，是一个物理量，能够随时间改变方向。量子电动力学异常强大，但存在一个问题，并将引发一场巨大的挑战，即量子电动力学中粒子有可能选取任何一条可能的路径，但如果将粒子选取每一条路径的概率相加，所得到的结果将是无限大的（这被称作"量子电动力学的发散困难"）。

深入阅读 | 量子电动力学解释了很多日常相互作用，比如光与物质之间的相互作用——电子吸收光子，跃迁到更高能级；电子发射光子，跃迁到更低能级。但物质与物质之间存在着更多相互作用，这些相互作用常被视作是由看不见的"虚拟"光子携带的电磁力导致的。举例而言，当你坐在一张椅子上时，构成你身体的原子并没有与椅子直接接触，而是你身体里的带电粒子与椅子里的带电粒子之间发生了电磁相互作用。这种电磁相互作用是通过大量光子之间的交换实现的，它使得你实际上是"飘浮"在椅子之上的，如果没有这种电磁作用，组成你身体的原子将会穿过椅子表面，而进入到椅子的内部中去。

p. 62
量子场论
p. 68
重整化
p. 70
费曼图

材料 | 科学理论所做的预测往往并不精确，比如现在对于一种被称为"真空能量"的现象所做的理论计算，预测值就比实际值大几万亿倍。但与之形成鲜明对比的是，量子电动力学所做的预测却相当精确，如粒子间电磁相互作用强度的测量值，与理论预测值之间的一致性差异达到了一百亿分之一以内，这相当于测量纽约与洛杉矶之间的距离，误差竟然只有一根头发丝的直径大小。

重整化

主要概念 | 有一套理论，用于解释生活中的诸多现象都极为有效，可偏偏存在着"发散困难"，如果由你来解决这个问题，你会怎么做呢？摆在量子电动力学面前的困难是，如果把粒子从开始到结束，发生相互作用的所有可能方式累加在一起，得到的将是一个无限大的结果，因为所有可能方式的概率之和是无穷大。对于一个无穷级数（"无穷"指的是级数项的数量是无限的），有时它是收敛（收敛指的是和不是无穷大）的，导致它收敛的原因，或者是由于很多项彼此相消，或者是很多项数值很小，比如1+1/2+1/4+1/8+1/16…加起来的结果是2；有时它是发散的，比如1+1/2+1/3+1/4+1/5…加起来的结果就是无穷大。量子电动力学中各种粒子的相互作用，包含粒子与其自身的作用，也就是一个粒子与它自身的电磁场发生的相互作用，在这种情况下，就会得到无限大的结果。但很显然，在现实世界中是不可能存在无限大结果的，要想解决这一问题，就必须进行"重整化"。举例而言，如果量子电动力学预测一个粒子的质量是无穷大，那就用实际观测值来替换预测值，这样操作之后，量子电动力学计算得出的其他结果就会与实际相符。重整化最初被视作一种"权宜之计"，无计可施之时不得已而为之，但最终物理学家认识到它也是客观物理过程的反应——量子系统在演化过程中，某些物理量会重置本为无限的值。

深入阅读 | 海森堡不确定性原理指出，空间中某一位置的能量，如果被限定在极短的时间跨度内，那么它可以是任意大的值，也就是说真空中任一点，将会有一对一对的"虚拟"粒子不断涌现，又不断湮灭。量子电动力学中考虑真空中的一个电子，不只是考虑电子本身，还必须把各种潜在的"虚拟"粒子与电子间的相互作用考虑进去。相似的，如果电子发射了一个光子，考虑到"作用力与反作用力"，光子就会对电子有反冲，即电子的电磁场对电子自身产生了作用。这种在双重作用下的电子，如果对其质量做预测，结果就会无穷大。

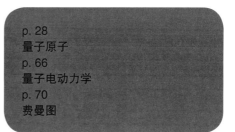

p.28
量子原子
p.66
量子电动力学
p.70
费曼图

材料 | 芝诺关于"阿喀琉斯与乌龟赛跑"的悖论所揭示的其实就是"收敛的无穷级数之和是有限值"这一道理。在一场赛跑中，阿喀琉斯让乌龟先跑了一段距离。当阿喀琉斯抵达乌龟起始的位置时，利用这段时间乌龟已经向前爬了一段距离。当阿喀琉斯再一次到达乌龟先前的位置时，利用这段时间乌龟又向前爬了一段距离。虽然阿喀琉斯与乌龟之间的距离越来越小，但他似乎永远也追不上乌龟。但现实情况是，阿喀琉斯一定会超过去的，这是因为把"每一次阿喀琉斯与乌龟之间的距离"加和，不是无限大，而是一个有限值。

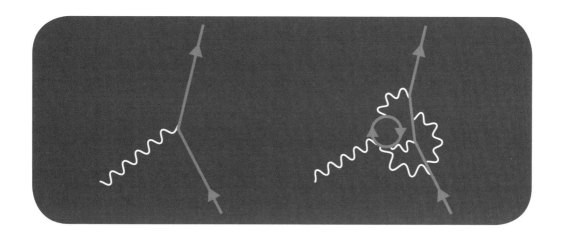

费曼图

主要概念 | 理查德·费曼关于量子电动力学的核心方法就是"费曼图"，这已成为量子物理的重要组成部分。费曼图显示了不同量子粒子之间是如何相互作用的，它实现了使用数学方法对事件进行描述的可视化。费曼图中一条轴表示时间，另一条轴表示空间位置（没有固定标准对横纵轴的选择做限定），所以费曼图所表现的就是粒子随时间的发展过程。在费曼图中，直线表示物质粒子，比如电子；波浪线表示光子，当两根或更多根线彼此相交时，指的是所代表的粒子发生了相互作用。费曼图有两大优点：一是它让我们更容易地看到粒子相互作用的各种不同选项；二是费曼图的每一局部，都与待计算的数学方程的一部分相对应。与经典粒子相比，量子粒子并不是简单地从A移动到B，而是有很多概率性的选项，因此经常需要用到多幅费曼图，然后进行路径积分，对所有的概率选项进行求和，得到总的结果。费曼图至今仍得到广泛应用，并扩展到了量子电动力学的领域之外，如量子色动力学就引入费曼图来表征"其他量子粒子"之间的相互作用，这里的"其他量子粒子"指的是夸克和胶子，它们之间的相互作用是"强相互作用"。

深入阅读 | 费曼图中反粒子（如反电子）的处理方式，与正常粒子是不同的。虽然反粒子和与其相对应的正常粒子外形看起来是一样的，但反粒子在时间轴上是"倒退着"发展的。举例而言，粒子与反粒子之间最为简单的相互作用，就是一个电子与一个反电子相撞、湮灭，并产生一对光子。在费曼图中，电子上的时间箭头是从湮灭时刻向后的，而反电子上的时间箭头却是指向湮灭时刻的，这代表的就是反粒子"倒退着"发展的特征。多数物理学家将这种"时间轴上的倒退"视作一种有用的计算简化（这也是反粒子为什么在费曼图中要这么表示的原因），而不是真的认为实际粒子具有这种行为方式。

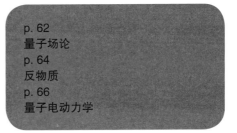

p. 62
量子场论
p. 64
反物质
p. 66
量子电动力学

材料 | 理查德·费曼将费曼图视为自己的得意之作。他有一辆1975年款的道奇"Tradesman Maxivan"型轿车，在车身上涂满了费曼图。费曼就喜欢开着这辆车，在加州理工学院的校园里转悠，成为一道受人瞩目的风景。费曼的车牌也是对自己毕生事业的一种反映，当时加利福尼亚限制车牌只能有6个字母，于是费曼就选择了"QANTUM"。

零点能

主要概念 | 无论是量子电动力学还是海森堡不确定性原理，都赤裸裸地明示：只要间隔的时间足够短，量子系统的能量变化可以巨大到让你无法想象，甚至对于"一无所有"的空间（即真空）也是如此。真空具有的能量值不是零，而是一个正值，被称作"零点能"。零点能的存在着实让很多人感到兴奋，如果能够对这部分能量加以利用，将是一件多么美妙的事情。尤其具有吸引力的是在太空中的应用，如果零点能得以利用，那么宇宙飞船将不必携带燃料，而是借助零点能获得一个持续的加速度，虽然这个加速度很小，但经过时间的不断积累，最终能使宇宙飞船达到极高的速度，实现人类遨游太空的梦想。如果零点能得以利用，地球将获得一个源源不断甚至无穷无尽的能量来源。但开发零点能，却有两个显著问题不得不面对：一是零点能的能量密度非常低，很难对能量需求很大的设备进行供能；而更为关键的是，对于某一能级的能量，只有通过对外做功的方式，才能在能级更低的地方加以利用，但从定义上看，已经没有比零点能的能级更低的地方了。这就好像高原中的盆地，它实际上高于海平面，具有很高的势能，但你无法利用这部分势能让一个物体向下滚落，因为在盆地的四周，已经没有地势比它更低的地方了。

深入阅读 | 尽管零点能不可能被人类利用，但"卡西米尔效应"提供了它确实存在的微观尺度证据。卡西米尔效应这样描述：有两块间隔很近的金属板（中性，不带电），任何一块都对另一块会有一个微弱的吸引力。关于这个吸引力的来源，一种设想是空间中能量的随机涨落，可能有时候会比较大，导致某一物质粒子及其对应的反物质粒子短暂地出现（随后又彼此湮灭），这对粒子撞击到金属板上时，会对金属板形成微弱的压力。但由于两块金属板之间的间隔非常小，没有足够的空间产生"正反粒子对"以平衡外部粒子对造成的压力，最终表现为净压力是指向两板之间的，看上去就是一块金属板对另一块金属板有微弱的吸引力。

材料 | EmDrive是射频共振空腔推进器，而Cannae Drive是对EmDrive的仿制，它的名字源于《星际迷航》中斯科蒂的口头禅"I cannae change the laws of physics"（意即"我能改变物理学定律"）。EmDrive和Cannae Drive是尝试使用不发射推进剂的方式制造的宇宙飞船推进器，因而备受争议。一些人说这种推进器利用的是零点能，但迄今为止，没有任何明确的证据显示这种推进器是有效的。

p. 38
不确定性原理
p. 62
量子场论
p. 66
量子电动力学

窗和分束器

主要概念 | 人们很容易将量子理论看作"只会出现在实验室里的事物"。但一扇玻璃窗却用自己的实际行动为量子物理正了名——日常生活中的物品也是有量子效应的，它就可以表现为分束器的样子。晚上站在有灯光的房间里，然后望向窗户，你会看到这个房间的镜像。但如果你走到房间外，从窗户向屋内望去，却不会有相似的现象出现。之所以会这样，是因为屋内的光投射到玻璃窗上时，一部分发生了透射，一部分发生了反射，又回到了屋内。这是典型的量子概率行为，事实上大约5%的光反射回了屋内，而95%的光穿过玻璃透射出去了。但是对于光束中的一个光子，它是如何做出"透射出去或反射回来"的判断的呢？这是困扰艾萨克·牛顿的难题，在光的"波粒二象性"获得共识之前，牛顿是始终坚持"微粒说"的。牛顿认为玻璃窗会出现上述现象，是因为在玻璃的表面存在缺陷，但是对玻璃表面进行抛光，将缺陷去除，这种现象仍然存在。从量子的观点来看，使光束发生分割，并不需要表面存在缺陷这样的前提条件。因为光子的存在形式就是透射、反射等各种概率的叠加，我们所最终看到的只是一个统计性的结果。一片玻璃并不是一个好的分束器，为了满足实验要求，需要更为精密的光学仪器，这些仪器使用部分镀银的镜面和棱镜，能够把光束均分为50/50的两束。

深入阅读丨光束投射在玻璃窗上时，光子从玻璃表面进行反射的概率取决于玻璃的厚度。通过"某种办法"，光子获得了玻璃的厚度信息，然后据此"知道"进行反射的概率。如果使用波的方式，很容易对上述现象做出解释：玻璃有前后两个表面，当光束投射到玻璃上时发生分束，入射光束被一分为三，分别是透射光束、前表面的反射光束和后表面的反射光束。但如果将光视作粒子，要想解释前述的"某种方法"，就只能引入量子粒子位置的"非特异性"，也就是说粒子存在某一概率，出现在了玻璃的后表面，因此获得了玻璃的厚度信息，进而受到玻璃厚度的影响。

材料丨我们在晚上可以从玻璃窗的反射中看到房间，因为同样的原因，我们才能够在晚上看到满天的繁星。星星始终在那里，之所以我们在白天的时候无法看到它们，是因为它们的光与阳光相比太弱而被覆盖了。同样的道理，在白天通过一扇窗，我们就能够看到窗外的一切，是因为从外面进来的光相比于反射回去的，要多得多。

p. 34
薛定谔方程
p. 42
量子双缝
p. 100
贝尔不等式

隧穿效应

主要概念 | 量子隧穿效应影响日常生活的方方面面，是极为重要的量子效应之一。隧穿效应是量子粒子"位置不确定性"的直接体现。经典情况下，一个粒子遇到一个障碍，如果没有足够的能量使粒子能够越过或穿过这个障碍，粒子就会在障碍之前停下来。试想一下你把一个网球扔到墙上的情形，或面对一堵高墙，试图将球扔过去的情形。但在量子世界中，如果障碍（称作势垒）相对较薄的话，根据薛定谔方程，我们知道一个量子粒子会有一定概率出现在势垒的另一侧。薛定谔方程的结果显示，粒子位置的概率分布会随着时间推移逐渐弥散开，而完全不受势垒的影响。上述微观过程，如果用宏观事物做类比的话，就好像我们刚刚把一辆车停到了车库，但当我们从车库出来的时候，竟然发现车穿过了墙壁停到了车道上。某种程度上，"隧穿"这个词用得并不恰当，因为它暗示粒子是在势垒上"强行打通了一条通道"，然后来到了势垒的另一侧。而实际上根本没有打通通道这一过程，粒子就是因为概率分布的原因，出现在了这一位置。这意味着隧穿效应是瞬时的，粒子没有花费任何时间就穿过了势垒，到达了另一侧。

深入阅读 | 地球上之所以会出现生命，就是量子隧穿效应最为引人注目的一种体现。如果没有太阳，地球其实是不适合人类居住的，因为这里既没有光，也没有热。而太阳输出光和热的过程，取决于隧穿效应。在太阳内部，带正电的质子（即氢原子核）会在重力压力作用下聚集在一起，通过核聚变——很多氢核结合生成氦原子——产生能量。但"氢核聚变为氦"的过程，本是不应该发生的，因为氢核之间的电磁斥力非常强，多个氢核根本不可能靠得足够近以发生聚变。聚变之所以实际上发生了，是因为作为量子粒子的氢核，能够通过隧穿效应"打破"电磁斥力的约束，如此太阳才能发出光和热，地球上才得以诞生生命。

材料 | 现实生活中，你的车从车库"穿出"后出现在车道上，是根本不可能的事。因为一个粒子发生隧穿的几率是非常低的，而一个宏观物体由极其大量的粒子组成，要所有这些粒子通通发生隧穿效应，恐怕直到宇宙终结的那一天也无法实现。

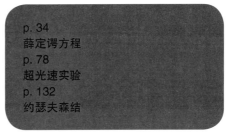

p. 34
薛定谔方程
p. 78
超光速实验
p. 132
约瑟夫森结

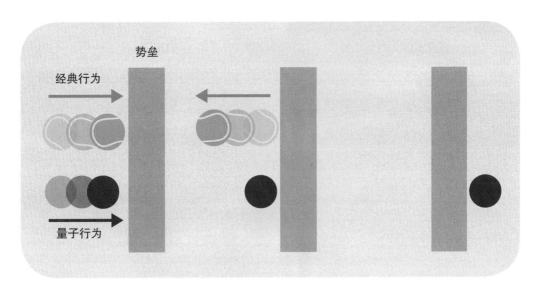

势垒

经典行为

量子行为

超光速实验

主要概念 | 量子隧穿效应的一个结果，是使人类在较小的尺度上获得了"突破速度限制"的能力。当下，人们已普遍接受光速是信息传输的最大速度，这是阿尔伯特·爱因斯坦在"狭义相对论"中提出的，即物体所能达到的速度极限是真空中的光速。形式最简单的超光速实验，是由一束光和一个势垒构成的，光束中的光子可以通过隧穿效应"穿过"这一势垒。因为隧穿是瞬时发生的，发生隧穿的光子通过"总实验长度"所花费的时间与通过势垒之外的"其余实验长度"所花费的时间是相同的。也就是说，发生隧穿的光子平均速度超过了光速。说得再直白一些，想象有这么一个简单的装置，一个光子先是正常地花费一段时间通过了一单位长度的距离，然后瞬时通过隧穿效应"穿过"了一个势垒，这个势垒也占据一单位长度的距离。也就是说，正常情况下需要双倍时间才能够通过的距离，这个光子只花费了一倍，它的平均速度竟然达到了光速的两倍。在物理学家之中，对于光子是否真的突破了光速限制仍有争论，有人提出了一种新的假说：信号在传输过程中发生了"扭曲"，这有点儿像赛跑临近终点线时，选手们通过身体前倾的方式来触线，这样的话，看起来似乎是花费了较少的时间完成了比赛，从而显得速度更快了。

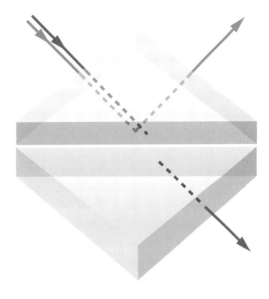

深入阅读 | 奥地利物理学家，同时也是超光速实验的领导者冈特·尼姆茨最常使用的隧穿势垒类型是受阻全（内）反射，而全反射这一现象是艾萨克·牛顿发现的。一束光以一个合适角度进入一块棱镜，在遇到玻璃与空气的交界面时，它会完全地发生反射，而不会有任何一部分透射到棱镜之外，这一过程就被称作全（内）反射。但牛顿发现，如果再放置第二块棱镜，使两块棱镜相隔很近但并不接触（也就是说仍存在玻璃和空气的界面），原本发生全反射的光束会有一部分通过第二块棱镜而射出。这一现象是"隧穿效应"造成的，两棱镜之间的间隙相当于形成了一个势垒，在第一块棱镜中的光子"穿过"该势垒，射入第二块棱镜之中。

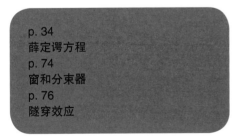

p. 34
薛定谔方程
p. 74
窗和分束器
p. 76
隧穿效应

材料 | 莫扎特的《第四十交响曲》已通过"四倍光速"完成了传输。物理学家们最初认为，虽然超光速实验清晰地表明光子的速度超过了光速限制，但这种情况只会在光子之中随机发生。也就是说，无法通过隧穿效应超光速地传输"有序的信息信号"。1995年，尼姆茨通过一套超光速的实验装置发送了一段莫扎特交响曲的录音，证明"超光速传输有序信号"是完全可行的。

"量子力学确实令人印象深刻，但内心深处总有一个声音告诉我，它所表现的并非事物的真实状态。无论如何，我是无法相信上帝是在掷骰子的。"

——阿尔伯特·爱因斯坦

第3部分

解释与量子纠缠

"解释" 游戏

量子物理闻名于世的一个特点是拥有纷繁众多的"解释"，"哥本哈根解释"就是其中之一。所有这些解释的共同目的都是试图在量子理论的数学表达式与实验观测结果之间搭建一座桥梁，让二者能够合理地联系在一起。而量子物理之外的其他学科，从来没有觉察到解释的必要性，比如进化论和元素周期表，有谁说要给它们做什么解释吗？需要注意的是，这里所谓的"解释"，并不是通常意义上的"用一种已被广泛理解的方式来说明一种复杂的理论"，这是科学普及工作中一直在采取的方式。量子物理的"解释"是完全不同的，它就像一头狰狞的野兽，张开血盆大口，注视着每一个试图窥探它的人。

量子物理的解释，不是为了与公众进行交流，以便人们理解和接受，它们是量子物理学家为自己设计的，目的是能够说服他们自己。这些理论解释如同一座座桥梁，将量子物理的数学结构与实验、日常生活的实际观测联系在一起。这些理论解释看上去是必须的，因为量子理论的发展表现出了出人意料的"特异性"。

理论飞跃

人们讲起量子理论故事的时候，基本都是这样的顺序：先是阿尔伯特·爱因斯坦提出光量子假说，尼尔斯·波尔提出原子的量子模型，然后是埃尔温·薛定谔和沃纳·海森堡分别发展波动力学和矩阵力学对量子系统做数学表征，最后马克思·波恩对薛定谔方程做出解释，即波函数的解代表的是在空间中某一位置发现一个粒子的概率。

这个故事中有一点说得不是很清楚，那就是这些理论学家在发展相关理论的过程中，到底有多少内容是他们"凭空编造"出来的。当几乎所有的实验证据都表明"光是一种波"时，爱因斯坦就可以假设光粒子（光子）是一种真实存在的物理实体，与几乎所有的实验观测相悖，单单就为了解释"光电效应"。这就好像有人说爆米花是有生命的，尽管所有的证据都予以否定，但爆米花受热时会跳动，这就是爆米花有生命的有力证据，因为只有具有生命的物体才能够跳动。

接下来，我们再来看看波尔的原子结构。1911年新西兰物理学家欧内斯特·卢瑟福发现了原子的核式结构，波尔的原子模型至少一部分受到了该模型的启发。原子核式结构所面临的主要问题是核外的电子缺乏稳定的结构，将不可避免地坠入原子核内。关于这一点已有实验进行了较为深入的研究，并给出了一定程度的证据予以否定。尽管如此，波尔还是义无反顾地提出了"电子位于轨道上"这种奇怪的观点来解释为什么电子不会旋进原子核内。直到波尔看到了约翰·巴尔默关于氢光谱方面的工作，才似乎为自己提出上述理论找到了某种正当的论据。

至于薛定谔、海森堡和波恩，都是在没有任何实验结果作为支撑的情况下，各自发展起量子相关理论的。薛定谔的波动方程、海森堡的矩阵力学，这些纯粹的数学公式计算出的结果，与已有的实验观测结果完全相符，甚至与后来进行的诸多实验结果也完美吻合，但没有人知道为什么会是这样。相似的，波恩的概率解释并不是任何实验观测到的结果，而仅仅是一种猜想，只不过相比于"微粒的预测位置"这种原始概念，更容易被人们理解而已。但后来进行的实验，再一次证明波恩"猜"对了。

所以量子理论遭遇的困境，是它有一堆的数学公式与观测结果相符，但为什么这些公式会与观测相符，没有人能说出个所以然来。同时，量子理论所描述的行为是如此奇怪，与量子粒子组成的普通物体的行为方式相比，二者之间的迥然不同甚至让人感到不可思议。一组量子粒子，其行为方式可用波动方程或矩阵力学来表征，记为状态A；这组量子粒子组成的物体可能是个网球，也可能是个内部只有空气的容器，它的行为方式我们可以通过目测的方式进行观察，记为状态B。那么好了，请告诉我，量子粒子组成的这个物体是如何从状态A转换到状态B的？

"现实"哲学

量子物理这些解释的构筑者，与其说是在做物理研究，不如说是在进行哲学探讨。这一点儿也不奇怪，哥本哈根学派（他们对量子物理的解释也被相应地称作"哥本哈根解释"）的领导者波尔就是一位最富有哲学思维的量子物理学家。但并不是每一个物理学家都欣赏这种"哲学凌驾于科学之上"的做法，第三代量子物理学家约翰·贝尔就把波尔称作"反启蒙主义者"。波尔理论看上去似乎受到了哲学家伊曼努尔·康德关于认识论的影响（康德认为我们永远无法获知事物的真实）。我们所能做的一切，就是对所经历的现象进行思考，然后使用归纳的方式"猜测"在现象之后的真实是什么。

波尔在哥本哈根解释中融入了康德的哲学思想，清晰地表明，我们使用量子理论所能做的只有"预测测量结果"这一件事情。依照波尔解释，测量结果之下所蕴含的一切我们都不得而知。举例而言，在测量一个粒子的位置之前，我们不知道它的位置，这时粒子也没有一个确切的位置。其他解释大体是两种思路：一种在生硬的波尔解释的基础上，试图做得更加易于理解和易于接受；另一种则是将波尔解释完全抛弃，用一种"真实存在"取而代之。但遗憾的是，现在仍没有一种解释能够完全令人满意。

人物小传

大卫·玻姆（1917—1992）

大卫·玻姆1917年出生在美国宾夕法尼亚州，第二次世界大战期间，他与罗伯特·奥本海默共事，为"曼哈顿计划"做出突出贡献，促进了核武器研制计划的发展。1949年美国国内"反共产主义情绪"甚嚣尘上，玻姆被要求去指认奥本海默"通共"，但玻姆拒绝了，他也因此被指控"藐视国会"。虽然最终被判无罪，玻姆还是丢掉了原本的工作，无奈之下在巴西、以色列等地漂泊了多年，直到1957年才在英国定居下来。在英国，玻姆成为伦敦大学伯贝克学院的理论物理学教授，并成了一名英国公民。从20世纪50年代早期开始，玻姆就在思考一份有别于现有量子物理解释的新方案，最终发展出一种完全不同的"新解释"（玻姆解释）。玻姆一方面受爱因斯坦影响，对量子论的概率解释表示担忧，一方面受哲学家吉杜·克里希那穆提影响，强调宇宙的统一性和连通性，因此在他的量子物理新解释中，每一个粒子都会受到其他所有粒子的影响。玻姆的新解释是传统物理学与神秘的哲学方法的一种混合。1992年，玻姆在英国伦敦逝世，享年74岁。

约翰·贝尔（1928—1990）

1928年，约翰·斯图尔特·贝尔出生在北爱尔兰贝尔法斯特的一个工薪家庭，除了他之外，他的所有兄弟姐妹都在14岁时辍学。从贝尔法斯特女王大学取得物理学学位之后，贝尔直接进入位于哈维尔的英国原子研究所工作。在哈维尔期间，贝尔获得了伯明翰大学的博士学位，并于1960年与他的妻子（也是一位哈维尔物理学家）一起，来到位于瑞士日内瓦附近的欧洲原子核研究中心（CERN）的实验室工作。贝尔在实验室的日常工作主要与粒子物理学相关，但1963年休假中的贝尔在量子物理学方面却做出了他的标志性工作。阿尔伯特·爱因斯坦对于量子概率解释的疑虑，贝尔在一定程度上感同身受，他曾说："认定它（概率解释）是错的，我比较犹豫，但我知道它确实烂透了。"1935年爱因斯坦提出了一个思维实验（"EPR佯谬"），显示量子物理处于一种尴尬的境地，它要么存在缺陷，粒子的属性具有确切值，而不是什么概率分布的叠加；要么就要否定"局部真实"的概念，接受超距作用的存在，两个粒子即使相隔很远也存在着相互影响。为了验证上述两种可能性到底哪一种才是对的，贝尔提出了一个可行的实验设想。后来，实验学家们按照贝尔的设想进行了验证，结果显示第二种情况是对的，量子理论与实验相符。1990年，贝尔在日内瓦逝世，享年62岁。

休·埃弗莱特（1930—1982）

1930年，休·埃弗莱特（正式的称呼是"休·埃弗莱特三世"）出生在美国华盛顿特区。最开始埃弗莱特立志成为一名化学工程师，但学业中途转为数学，后又转为物理学。在普林斯顿大学期间，他的博士生导师是约翰·惠勒——惠勒也曾是理查德·费曼的导师。埃弗莱特的博士论文题目是《非概率解释波动力学》，然后以此为中心进行了扩展。论文的主要观点是"波函数坍缩的概念不是必需的"，如果把所有粒子视作一个整体，并将所有的相互作用都考虑进去，而不是孤立地看待各个粒子，那么我们就无须在各种"可能"之中做选择，因为所有的可能都发生了。埃弗莱特的这种方法被称为"多宇宙解释"，它的基本思想是：每当一个量子事件发生，宇宙就会分裂为多个不同的版本，在每一个版本中都对应着一个可能的结果。埃弗莱特后来从事的是核武器防御方面的工作，先是与政府合作，后完全投身于工业领域。埃弗莱特的兴趣也从物理学转向计算机，在以后的职业生涯中，他将大量的时间和精力投入计算机编程领域，尤其是统计应用方面。1982年，埃弗莱特在弗吉尼亚麦克莱恩市逝世，享年52岁。

阿兰·阿斯佩（1947—）

1947年法国物理学家阿兰·阿斯佩出生在波尔多地区的阿让。在巴黎取得物理学博士学位之后，从1971年开始，阿斯佩用了3年时间在喀麦隆做志愿者，为当地的人们提供帮助。在喀麦隆的这段时间，每当夜幕降临，阿斯佩都会忘我地沉浸在令他心驰神往的物理学世界之中，其中最吸引他的莫过于量子理论。机缘巧合之下，阿斯佩同时获知了阿尔伯特·爱因斯坦关于"EPR佯谬"的论文（声称量子物理存在缺陷）和约翰·贝尔的研究工作（验证"EPR佯谬"的实验设想），然后他通过不受任何限制的思维，设计了一套验证实验装置，以期一劳永逸地解决关于量子物理本质的争论。量子纠缠效应是量子物理不确定性原理的核心体现，在美国已进行过多次尝试，但都没有获得具有决定性的结论。阿斯佩从非洲返回巴黎时，在他的大脑里已经有了验证实验所需的全套实验装置。随后依照贝尔的设想，阿斯佩进行了量子纠缠的验证实验。实验结果是量子理论大获全胜，量子纠缠的的确打破了"局部真实"的传统概念。尽管在未来会有新的实验揭示量子纠缠的各种细节，但毫无疑问，阿斯佩是成功验证纠缠的第一人。在撰写本书时，阿斯佩仍活跃于量子领域之中，专攻材料的"玻色–爱因斯坦凝聚"。

时间线

EPR佯谬论文

阿尔伯特·爱因斯坦、鲍里斯·波多尔斯基与内森·罗森共同撰写了EPR佯谬论文（EPR是三人姓氏的首字母），指出量子物理存在一个严重的缺陷。该论文的结论为：要么一对量子粒子可以在任意距离下瞬时地发生相互作用，要么量子理论就是错的。EPR佯谬论文引出的"量子纠缠机制"，后被证明是真实存在的。

1927年   **1935年**   **1951年**

量子行为

尼尔斯·波尔与沃纳·海森堡完成量子物理的"哥本哈根解释"。哥本哈根解释其实并没有正式成文，它只是用"概率"和"波函数坍缩"的方式对量子行为做出了解释。哥本哈根解释整合了"波粒二象性""互补性"等多种概念，至今仍是受到最广泛支持的量子理论解释。

玻姆解释

大卫·玻姆基于导频波提出了自己的量子物理新解释。玻姆受路易斯·德布罗意的启发，从完全不同的角度看待现实，认为不可能将由粒子组成的量子系统和与其发生相互作用的周围环境分隔开。

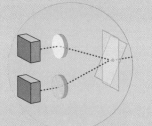

多宇宙解释

休·埃弗莱特撰写了论文《非概率解释波动力学》，这是量子物理"多宇宙解释"的开端。多宇宙解释抛弃了"波函数坍缩"的方式，取而代之的是，当量子相互作用发生时，所有可能的结果都对应产生一个不同的宇宙。

数据加密

潘建伟带领的中国科研团队，从"墨子"号卫星上向相隔1200km的地面基站发射了一对纠缠的光子，在世界范围内属于首次尝试。这使利用量子纠缠实现"不可破译的加密"成为现实，空间中广泛分布这种能够接收纠缠光子的基站，即形成了"量子网络"。

| 1956年 | 1964年 | 2017年 |

纠缠的粒子

约翰·贝尔撰写的《关于EPR佯谬》的论文，建立起"贝尔不等式"的测量方式。通过这种方式可实际测量处于纠缠态的一对粒子，是否真的在相隔任意距离的情况下，都能够瞬时相互作用，或者真的存在某些"隐藏的变量"预先决定了结果。

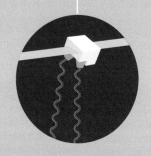

哥本哈根解释

主要概念 | 量子粒子和量子系统的行为方式，与由它们组成的我们日常生活中遇到的各种物体是完全不同的。到了20世纪20年代后期，尼尔斯·波尔和沃纳·海森堡面对日益增长的需求，均感到需要提出一种数学计算公式之外的量子理论解释。所谓的"哥本哈根解释"，与其说是一种解释，不如说是一份声明——量子现象就是这样的，没什么好解释的。因为不曾写成论文，所以哥本哈根解释具体包含有哪些内容，也是难以言明的。但可以确定的是，哥本哈根解释的核心思想包括：（1）量子系统在观测之前，相关参数不具有确定值，有的只是概率；（2）观测行为引发了"波函数坍缩"，所以我们观测到了确定值；（3）波和粒子的概念不是对立分割的，量子粒子具有"波粒二象性"和互补性，也就是说，量子物体既可以表现为波，又可以表现为粒子，但不能同时既是波又是粒子；（4）不确定性原理；（5）实验室及其内部的所有仪器设备，可以不考虑任何量子效应，而作为经典对象来进行操作。哥本哈根解释的反对者将之调侃为"知其然不知其所以然"，只是强硬地要人们接受"事实就是这样的"，而对隐含在内的"真相"没有做任何发掘的尝试。而哥本哈根解释的支持者们却说，"真相不得而知，一切皆有可能"，这也导致那句口头禅的出现——"闭上嘴，只计算就好了"。

深入阅读 ┃ 1929年，海森堡做了一系列的演讲，这似乎是哥本哈根解释的起源。以这些演讲为基础，海森堡将之汇总整理为《量子理论的物理原理》一书，并将之称作"量子理论的哥本哈根精神"，表明这种解释方式是在波尔哥本哈根研究所的基础上发展起来的。波尔与海森堡从不对解释做任何详细的陈述，他们二人之间经常在一些小的细节问题上产生冲突。20世纪50年代，当两种新的量子解释（玻姆解释和多宇宙解释）发布时，有必要给这个"哥本哈根精神"起一个听起来更专业的名字，于是海森堡首次使用了"哥本哈根解释"这一名词术语。

材料 ┃ 1921年，波尔在哥本哈根创建了"理论物理研究所"，即现在的"尼尔斯·波尔研究所"。20世纪20—30年代，这里成为实质上的量子物理欧洲学术中心。研究所的主要经费来源是"嘉士伯啤酒厂"，同时，嘉士伯还将自己的"荣誉之家"提供给波尔使用，当然还有免费且不限量的拉格啤酒。

p. 30
波粒二象性
p. 54
概率当道
p. 56
波函数坍缩

玻姆解释

主要概念 | 对于尼尔斯·波尔与沃纳·海森堡提出的关于量子行为的哥本哈根解释，并不是每一个人都感到满意。20世纪20年代，法国物理学家路易斯·德布罗意，也就是"物质波理论（电子等粒子可以表现为波）"的提出者，发展出了"导频波理论"，指出"每一个粒子都有一个关联的波在引导它"，这个关联的波被称作"导频波"。当使用粒子进行双缝实验的时候，德布罗意指出是导频波通过了两条狭缝，然后引起的干涉。20世纪50年代，英国物理学家大卫·玻姆（出生在美国，后入英国国籍）继承了导频波理论的思想，并将之发展成为一种全新的量子物理解释，即"德布罗意–玻姆理论"。与哥本哈根解释不同的是，玻姆解释中粒子的位置具有确定值，但每一个粒子在不断地受到周围其他粒子的影响——理论上，是受到宇宙中所有其他粒子的影响，这种影响导致我们观测到的量子现象变得"诡异"。起初玻姆的工作没有受到太大的关注，对于这种全新的量子解释也鲜有人表示支持，但不得不说玻姆解释是一种饶有趣味的哥本哈根解释的备选方案。马克思·波恩的概率解释指出波函数的数学平方是我们在某一特定位置找到该粒子的概率，而玻姆理论却采用了完全不同的方式。如果玻姆解释是正确的，波恩的概率解释就不会在任何情况下都是正确的，但截至目前，仍没有实验证据对玻姆解释予以支持。

深入阅读 | 玻姆解释将我们带回了"绝对论"宇宙，在这个宇宙中，事物的发展是能够通过牛顿定律等进行预测的。18世纪末，法国学者皮埃尔·西蒙·拉普拉斯曾这样评述"决定论宇宙"：在这个宇宙中，我们能够获取每一个物体的全部信息，进而描绘出未来发展的完整轨迹。但与牛顿的绝对论宇宙显著不同的是，玻姆的绝对论宇宙是非局域的，也就是说一个粒子即使远在天边，也会对与之纠缠的另一个粒子瞬时产生作用，而且事实也确实如此。对很多物理学家而言，"不满足局域性"是一个令人难以接受的巨大的认识阻碍，因为"超距作用"无论怎么看都是不可能的。但量子纠缠实验明晃晃地证明"非局域效应"是真实存在的。

材料 | 在职业生涯后期，玻姆就他的量子解释提出了"隐卷序"和"显展序"的概念。"隐卷序"和"显展序"是两种不同的现实架构，这里的"隐卷序"是指量子现象的发生较少依赖于时间和空间，而较多依赖于连通性；而"显展序"是我们对现实感知的一种反映。

p. 30
波粒二象性
p. 88
哥本哈根解释
p. 100
贝尔不等式

观察者效应

主要概念 | 在量子物理发展的早期，"测量"引起波函数坍缩这一概念使人们感到困惑，甚至有部分物理学家因此走向极端，认为观察者的意识会对量子系统施加影响。确切地说，他们认为"有意识的观察者的观察"这一行为导致了波函数坍缩。所以在"薛定谔的猫"这一实验中需要有一个有意识的观察者，否则在盒子被打开之前，猫就会处于"生与死的叠加态"。一个有意识的观察者的观察，使波函数坍缩到生或死的其中一个选项上。但现在，我们使用一套测量设备取代"有意识的观察者"对放射性粒子进行监测，同样足以引起退相干和表象的"波函数坍缩"。隐含在观察者重要性之后的论调，其实就是说，有意识的观察者在某一特定时间看到世界处于某一特定状态，之所以会如此，是因为观察者的观察使世界坍缩到了他所观察到的样子。匈牙利裔美国物理学家尤金·魏格纳也许是"意识引起波函数坍缩"最坚定的支持者，他提出了一个"薛定谔的猫"的变体实验：有一个人戴着防毒面具，也进入放有那只猫的箱子里，作为观察者一直盯着猫看，这时表征猫状态的波函数就会不断地坍缩，猫就不会处于"生与死的叠加态"了。

深入阅读 ∣ 如果意识能够影响量子系统,那么意识本身是一种量子现象吗?这是英国物理学家罗杰·彭罗斯提出的问题,他认为量子系统的波函数与大脑意识的操作之间存在着一种联系。彭罗斯的假说没有获得任何实验证据的支持,因此很多科学家都秉持怀疑的态度。具有讽刺意味的是,彭罗斯还提出了一种哥本哈根解释的备选方案,他认为波函数坍缩是一个真实存在的过程,并不由观察者的观察引起(当然,也不是由有意识的观察者的观察引起的),而是量子系统与引力之间的相互作用造成的,即量子系统叠加态的空间弯曲与时间弯曲差异过大导致的这种坍缩。

材料 ∣ 阿尔伯特·爱因斯坦经常与物理学家亚伯拉罕·派斯讨论量子理论的相关问题,而后者是传统量子物理的支持者。爱因斯坦认为,我们观察到的只是表象,在表象之下一定存在着某种真实和非概率性的事物。在关于这一思想的一次对话中,爱因斯坦问派斯是否真的相信"月亮只在我们观察它时才会存在"。爱因斯坦的评论强调了"观察者效应"是绝对不可能的。

多宇宙解释

主要概念 | 哥本哈根解释指出，当一个量子系统与另一个量子系统相互作用的时候，事物处于一系列概率的叠加态，每一种概率都对应一种不同的结果。而对于那些不接受哥本哈根解释的物理学家而言，"多宇宙解释"提供了一条可行的出路。多宇宙解释完全抛弃了波函数坍缩的概念，由美国物理学家休·埃弗莱特设想和提出，同时这也是他博士论文的基础。在多宇宙解释中，我们需要考虑的是涵盖整个宇宙的"总波函数"，而不仅仅是被观测的这一部分。这种情况下，总波函数永远也不会坍缩，每一时刻量子系统都可以选择处于不同的量子态，而且所有可能的量子态都是真实存在的。以电子自旋为例，它有"上""下"两个自旋态，那么一个电子的自旋就会使宇宙分裂为两个版本：一个版本中电子的自旋向上，另一个版本中电子的自旋向下。我们无法体验整个宇宙中的多个世界，因为我们不可避免地要从宇宙中选择一条唯一的路径来走，这也就是我们实际发生的结果——也可以说，是我们自己的其他版本，在别的宇宙中经历了其他可能性。多宇宙解释下，对双缝实验做出说明，我们不再有任何困难。一个粒子为什么能够同时通过两条狭缝呢？因为粒子在宇宙A中通过了A狭缝，同时在宇宙B中通过了B狭缝。

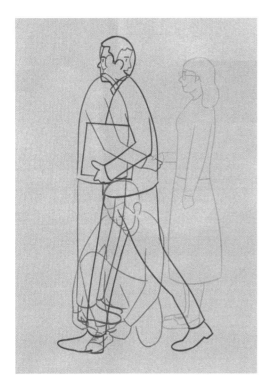

深入阅读 | 有些人相信多宇宙假说是现实的真实反映，他们甚至认为可以在量子的情境下玩"俄罗斯轮盘赌"。如果你用一把左轮枪指着自己的头，然后扣动扳机，在多宇宙的众多结果中，总有一些宇宙中枪是没有发射出子弹的。这些人因此争论说，因为只有在"枪没有发射出子弹的"宇宙中人才会仍有意识，才会知道自己经历了什么，所以你会发现无论如何你都会生存下来（在那些你已经死了的宇宙，你也不会"意识"到曾开过枪这件事）。上述想法的错误之处，一方面是如果多宇宙解释是错误的，那么你将遭受到生命危险；另一方面，在多宇宙解释中，面对纷繁众多的选择，我们却只能有一条路径可走，而我们"意识"到的这条当前路径，却不一定通往一个幸福的结局。

材料 | 对多宇宙解释的一个自然反应是，它与"奥卡姆剃刀原理"相悖。奥卡姆剃刀原理表述为在没有证据支持的情况下选择简单的机制，这是以14世纪神学家"奥卡姆的威廉"的名字命名的。尽管现在奥卡姆剃刀原理通常被表述为"用最少的假设来做选择"，但它的原话却是"如无必要，勿增实体"，这看起来用在这里特别贴切。

爱因斯坦的反对

主要概念 | 阿尔伯特·爱因斯坦是量子物理的创立者之一，为了解释光电效应，他指出必须将光视作"光量子"的形式。但在20世纪20年代，随着量子理论的全面发展，爱因斯坦对量子理论的"概率性"越来越不满。根据尼尔斯·波尔的说法（即哥本哈根解释），一个量子系统在未被观测之前，相关参数（比如说"一个量子粒子的位置"）的时间演变，不存在任何"实际值"，而只是一系列的概率。只有当该量子系统与另一个量子系统（比如说进行观测时的测量装置）发生相互作用时，相关参数的实际值才会存在。爱因斯坦本能地感到上述论述肯定是错的，他相信在实际观测到的表象之下，一定存在着某种"真实"是确定性的。我们在测量某一属性之前，无法知道它的确切数值（是我们无法知道，不代表它没有），该属性的数值被"隐藏"起来了，这就是被称作"隐变量理论"的解释方式。隐变量理论指出，属性的数值只是无法获取，但它仍实际存在，这与波尔的"概率叠加"或"概率云"在本质上是完全不同的。彼时，哥本哈根解释已获得广泛认可，爱因斯坦的反对无异于向物理学界公然挑战，他一方面写信给好友马克思·波恩表达自己对"概率解释"的不满（概率解释就是波恩设想并提出的），一方面用越来越复杂的思维实验与尼尔斯·波尔进行论战，目的就是希望能够证明量子理论是错误的。

深入阅读 | 爱因斯坦在写给波恩的信中提出了他最广为人知的言论："对于量子的概率性，我无法忍受，我无法想象发生辐射跃迁的电子竟然不能进行自主选择，而其跃迁时机和跃迁方向竟完全是概率化的。如果是这样，我宁愿做一个鞋匠，或是一名赌场的雇员，而不是什么物理学家。"他又说道："量子理论确实讲了很多，但没有让我们靠近'上帝的秘密'，哪怕一点点。"

材料 | 在某次会议的一次早餐上，爱因斯坦向波尔提出了他质疑量子理论的最有力一击。爱因斯坦提出的是一个思维实验，一个盒子中有一个光子，当光子离开盒子的时候，一定时间内盒子的重量发生了改变，根据爱因斯坦质能方程，可得盒子能量的改变量，确定的时间、确定的能量改变量，岂不与"不确定性原理"相悖？这个问题一时之间把波尔给问愣了，直到第二天早餐时，他才意识到该如何向爱因斯坦解释，他说："爱因斯坦忘记了将广义相对论的影响考虑进来，只要引入广义相对论，不满足'不确定性原理'的问题就会迎刃而解。"这便是所谓的"以彼之道，还施彼身"。

p. 54
概率当道
p. 88
哥本哈根解释
p. 98
EPR佯谬论文

EPR佯谬论文

主要概念 | 1935年，阿尔伯特·爱因斯坦与鲍里斯·波多尔斯基及内森·罗森一起撰写了名为《量子力学对物理现实的描述是完备的吗？》的论文，这篇论文通常被称作"EPR佯谬"，EPR是三位作者姓氏的首字母。这篇论文非常简短，但其震撼力无异于在读者的内心深处投下了一枚炸弹。该论文的核心内容是：我们有处于纠缠态的一对粒子，如果量子物理是正确的，那么在对其中一个粒子的属性（比如位置、动量等）进行观测时，相距无论多远的另一个粒子的同一属性，会瞬时间确定为特定值。而根据量子理论，在第一个粒子被观测之前，两个粒子的属性值都还没有确定，这时有的只是各种概率。论文指出可以对两个粒子的同一属性同时进行测量，那么结果将是"二者必须择其一"的艰难选择，要么量子理论是错误的，要么"纠缠"使得"局部真实"的概念变得不再适用。论文最后的评论说："任何一项对现实的合理定义，都不会允许违背局部真实。"局部真实包括两个方面：一是"局部"，它意味着如果没有任何事物从A地到了B地，那么身处A地，绝不可能造成B地的某一事件发生；二是"真实"，它指的是粒子的属性（如位置）应该具有实际值，即使这个值我们无法获得。

深入阅读 | EPR佯谬论文的原稿中描述的是同时测量处于纠缠态的一对粒子的位置和动量。在对粒子A进行测量时，它的属性在得以确定的同时，与之纠缠的粒子B的相关属性也得以确定。同样的，在对粒子B进行测量时，粒子A的相关属性也同时确定。位置、动量的同时测量，引起了相当程度的困扰，以至于一些人误以为这篇论文的目的是在质疑海森堡"不确定性原理"，因为不确定性原理就是说明位置、动量等相关量之间的关系的。爱因斯坦写信给埃尔温·薛定谔，说道："（论文中）使用（位置和动量）这两个量子粒子的属性，对我而言不过是餐桌上的一道小菜，我在意的不是使用粒子的哪种属性，而是纠缠粒子对之间的这种瞬时确定作用。"EPR佯谬思维实验的后续版本为了避免引起这种不必要的混淆，就不再使用"位置和动量"两个属性，而改为使用"量子自旋"这样一个单一属性了。

材料 | 据物理学家兼传记作者亚伯拉罕·派斯所说，尼尔斯·波尔第一次看到EPR佯谬论文及其对量子理论发起的激烈挑战时，在同事的办公室里竟突然爆发出一阵咆哮："波多尔斯基、欧－波多尔斯基、艾欧－波多尔斯基、赛欧－波多尔斯基、阿赛欧－波多尔斯基、巴赛欧－波多尔斯基。"派斯解释说，波尔这是对路德韦格·荷尔伯格戏剧《尤利西斯·冯·伊萨卡》中一段台词的诙谐模仿，但似乎没有什么特别的帮助。

p. 30
波粒二象性
p. 38
不确定性原理
p. 96
爱因斯坦的反对

贝尔不等式

主要概念 | EPR佯谬论文描述的是一个思维实验，现实中一时无法进行实验验证。1964年，供职于欧洲原子核研究中心（CERN）粒子物理实验室的爱尔兰物理学家约翰·贝尔在休假时想到了一种验证EPR佯谬论文的实验测量方法，实施后就有可能判断出，到底是量子物理正确，还是"隐藏变量""局部真实"的概念正确。贝尔对爱因斯坦关于"概率性"的质疑感同身受，对于量子理论的某些方面也心存诸多不满，只不过与爱因斯坦相比，他并不是那么肯定"量子理论就一定是错的"。贝尔曾经说道，"我觉得在某种程度上，爱因斯坦相比于波尔有巨大的智力优势，这就好比能够看透事物发展的先知与蒙昧者之间，天然地存在着一条巨大的鸿沟。"贝尔设想的实验是这样，从一个单一粒子中产生一对处于纠缠态的粒子（这也是生成"纠缠"的最简单方式之一），然后使用探测器同时对相隔一定距离的两个粒子的自旋进行测量。如果EPR佯谬论文的质疑成立，探测器接收到的两个粒子偏振方向之间的夹角应该是随机的。如果实验结果果真如此，量子理论预测纠缠粒子之间存在"属性关联"就是错误的，而隐变量的局部真实就是正确的。贝尔的实验设想后来发展成为"贝尔不等式"，这个实验将由一位法国实验学家来真正实施，以最终裁定到底是量子理论折戟沉沙，还是局部真实惨遭抛弃。

深入阅读 | 将贝尔的实验设想转化为可行的实验方案，花费了超过10年的时间。美国物理学家艾伯纳·西蒙尼、迈克·霍恩、约翰·克劳泽、理查德·霍尔特4人进行了第一次尝试，但他们获得的结果不具有决定性。年轻的法国物理学家阿兰·阿斯佩在巴黎完成了贝尔的实验设想，对"纠缠的长程联系"（爱因斯坦曾称之为"幽灵的超距作用"）给出了确定性的证明。阿斯佩之所以能够完成实验，最为聪明的一点是，他采用了能够"确保两个粒子之间无法通过传统方式进行信息传递"的方法——每秒改变测量方向2500万次。改变的速度如此之快，以至于在方向改变的间隔时间内，这份信息无法到达另一个粒子处以对它造成影响。

p. 96
爱因斯坦的反对
p. 98
EPR佯谬论文
p. 102
量子加密

材料 | 贝尔曾以物理学家莱因霍尔德·波特曼的袜子为例，来说明隐变量是如何在相隔一定距离的情况下瞬时传递信息的。波特曼穿袜子时，经常穿两只完全不同的，所以如果你看到他一只脚上穿的是绿袜子，你会"立刻"知道他另一只脚上的袜子一定不是绿色的，即使这时另一只袜子的反射光线还没有足够的时间抵达你的视网膜。

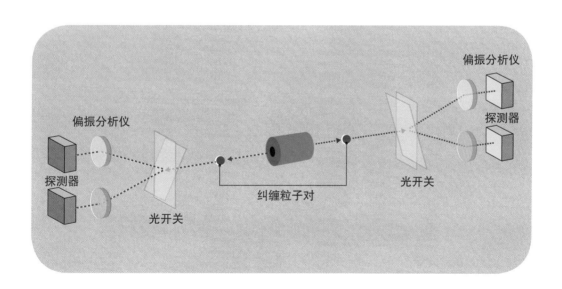

偏振分析仪

偏振分析仪

探测器

探测器

纠缠粒子对

光开关

光开关

量子加密

主要概念 | 纵观整个人类发展历史，进行安全的信息存储和传递一直是人们所孜孜以求的事情。20世纪早期，已经出现了不可破译的"单次密本"方法。这种方法需要发送者与接收者共享同一把"密钥"，虽然它确实做到了没有密钥不可破译，但密钥本身却是可以被截取的。更致命的是，除非密钥是完全随机的，否则密钥本身仍有被破解的可能。从很早的时候开始，人们就已经意识到，借助量子物理的概率性，一个量子系统可以成为产生"真正随机数"的来源，但是这种方法仍需要发送者与接收者共享同一把密钥。量子纠缠效应解决了这一难题，它既可以产生一把完全随机的密钥，又能够把密钥同时赋予发送者与接收者。而且最为奇妙的是，在接收者打开密钥之前，密钥甚至还没有生成，从而从根本上解决了密钥截取与破解之忧。具体的方法是这样：生成一束两两纠缠的粒子，然后对每一对纠缠的粒子进行分割，一个给发送者，另一个给接收者；在该时刻点时，密钥还不存在；当发送者对分给他的粒子进行检测时（检测的是粒子的自旋态），接收者一方对应的粒子就会立刻采用与之相反的自旋态。粒子自旋取向"向上或向下"是完全随机的，所以这样一串粒子编码的二进制信息是不可预测的，只有发送者与接收者能够拿到这把密钥，只不过稍有不同的是，二者拿到的是互为镜像的版本而已。量子纠缠机制只允许发送随机数据，这对于加密传统信息是非常理想的，但却无法将"纠缠粒子对"本身用作信息传递的通道。

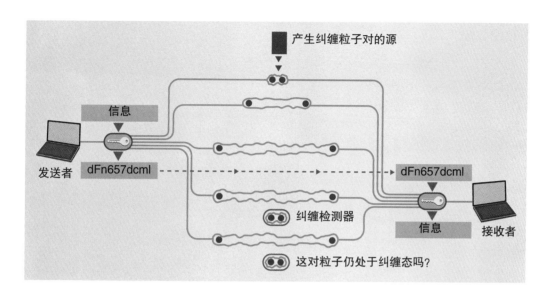

产生纠缠粒子对的源

信息

发送者

dFn657dcml — — — → dFn657dcml

纠缠检测器

信息

接收者

这对粒子仍处于纠缠态吗?

深入阅读 | 基于纠缠的量子加密是有可能被截取的。如果有人捕获了纠缠粒子束中的一支，他就能够对粒子的自旋信息进行读取，获取这些信息之后再将这些粒子向它原本的目的地进行发送，假装这些粒子仍保有密钥的功能。但是这些被观测过的粒子已经不再处于纠缠态，现在已有方法能够对"粒子对是否纠缠"做出检测了。为了进行上述检测，虽然需要把传送密钥的纠缠粒子束做得长一点儿，以作为与密钥本身无关的额外信息传给发送者和接收者，但却完美地解决了"密钥被截取"的问题。任何基于纠缠的系统都需要定期对粒子束进行检测，每隔几个粒子就进行一次采样，以确认粒子对仍处于纠缠的状态。只要粒子流中的粒子对仍处于纠缠态，信息传递就是安全且不可破译的。

材料 | 2004年，基于纠缠的量子加密技术在奥地利维也纳第一次得到了证明，从市政厅向奥地利银行成功发送了一段经过量子加密的指令，要求转账3000欧元。这套通信装置全长500m，由光缆交织而成，这些光缆穿过的维也纳古下水道，因作为奥森·威尔斯主演的电影《第三人》的背景而闻名于世。

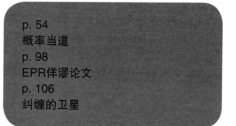

p. 54
概率当道
p. 98
EPR佯谬论文
p. 106
纠缠的卫星

量子远距传动

主要概念 | 量子纠缠除了可以提供不可破译的"加密术"外，"远距传动"也是它的拿手好戏。形象地说，就是《星际迷航》中空间传送装置的微型版本。在纠缠效应实用化之前的一段时间，"不可克隆原理"获得了证明。不可克隆原理是说，对一个量子粒子进行精确的复制是不可能的，因为对粒子属性的测量这一行为本身，会造成粒子属性的改变。但是通过量子纠缠效应，却有可能复制出完全相同的粒子。具体做法是这样的：产生一对处于纠缠态的粒子，把其中一个给发送者，另一个给接收者；然后让发送者一方的纠缠粒子与将要进行远距传动的粒子发生相互作用，并把这份相互作用信息通过传统的通信方式发送给接收者；接收者获取相互作用信息之后，复制出与"将要进行远距传动的粒子"同类型的另一粒子，然后让该粒子与接收者一方的纠缠粒子也发生相互作用，相互作用的具体过程由传统通信方式发送来的信息决定；最终通过这一过程，发送者一方粒子的一个或多个量子属性，就传输给了接收者一方同类型的另一粒子。也就是说，接收者一方的粒子变得与发送者一方的一模一样，从而在实质上实现了"远距传动"。量子远距传动绕开了"不可克隆原理"，因为在整个过程当中，都不曾对粒子的属性进行观测，这些量子粒子的属性信息完全是通过"纠缠粒子对"进行传输的。

p. 98
EPR佯谬论文
p. 110
量子计算
p. 134
量子点

深入阅读 | 受《星际迷航》空间传送装置的影响，人们在看到"量子远距传动"后，立即萌生的想法是"这是一种能让'空间传送'成为现实"的方式。然而，这里有3个问题需要加以说明。第一，对一个物体的全部原子进行检测，然后进行"量子远距传动"，最后用同类型的原子重组出同样的物体，这一过程本身是非常困难的。第二，进行上述过程是需要花费时间的。举例而言，一个人是由大量的原子组成的，数量大概有多少呢，约7×10^{27}个，这么多的原子实现完全扫描，需要花费几千年的时间。第三，关于量子远距传动需要注意的是，传送的是物体的信息，而不是物体本身，你该在哪里还是在哪里。如果量子远距传动真能传送实体的话，复制体生成的那一刻，也是你自身本体被摧毁的时刻——这可不是什么令人愉快的想法。

材料 | 1997年欧洲的两个研究团队首次实现了"量子远距传动"，他们分别由奥地利维也纳的安东·齐林格（有人称他为"欧洲量子纠缠实验的领导者"）和意大利罗马的弗朗西斯科·德马提尼所率领。在这一次的实验中，研究人员未对粒子的全部属性进行远距传动，而只是将一个光子的偏振态传输给了另一个光子。

纠缠的卫星

主要概念 | 无论你的目的是数据加密还是远距传动，对量子纠缠的利用都要求：先产生一对处于纠缠态的粒子，然后对它们进行分割，一个给发送者，另一个给接收者。这不是无关紧要的细枝末节，因为量子粒子极易与环境发生相互作用，从而失去它们的纠缠性。早期的量子纠缠实验都是在实验室内进行的，发送者与接收者之间相距较短，但两位关键性的人物驱动量子纠缠实验向"超远距离"的方向发展，他们分别是奥地利的安东·齐林格和中国的潘建伟。2003年，齐林格在奥地利维也纳进行了量子纠缠长程实验的第一次尝试，相距600m的条件下成功实现纠缠粒子对的发射。次年，潘建伟在中国合肥将传送距离提高到了13km。随后不长时间，齐林格再一次将传送距离提高到15.2km。之所以选择这些距离进行实验，是因为粒子通过海平面大气的距离，通过映射公式可大致换算成在大气日益稀薄的情况下，高空中卫星所能传送的纠缠粒子的距离，从而为下一步的工作奠定坚实的基础。2017年，潘建伟实现了发射"量子卫星"的目标。"墨子"号量子卫星的发射，实现了卫星与相距1400km的地面基站之间纠缠粒子对的成功传送。以"墨子"号量子卫星为主干，可实现"量子互联网"的搭建，借助该网络进行纠缠通信，可以达到提供安全的量子加密通信和分布式量子计算的目标。量子互联网虽然仍需要传统的通信连接方式，但我们将在卫星上看到极其多的纠缠粒子发生器。

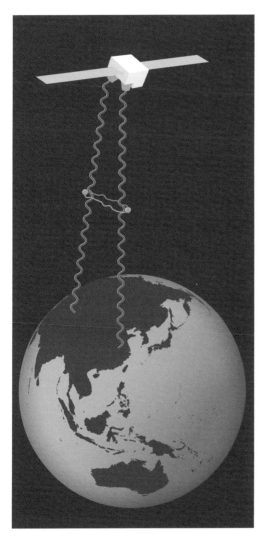

深入阅读 | 具有讽刺意味的是，我们之所以需要将量子纠缠添加到互联网上，以保障当前网络的通信安全，恰恰是为了阻止另一种量子技术可能带来的网络攻击——量子计算。量子计算机在处理某些进程时，比传统计算机要强大得多，它的每一个比特都是一个量子粒子。量子计算机的能力之一是能够推导出两超大质数乘积的全部因子，而不幸的是，这恰恰是RSA加密法在网页中建立安全链接时（如浏览器中的安全锁）所使用到的方法，而量子加密则可能是唯一的防御手段。

材料 | 2014年曾有经由国际空间站从太空向地面发射"纠缠粒子对"的计划，但这一实验方案未能付诸实施。取而代之的是2016年8月发射升空的"墨子"号量子卫星，它是以公元前5世纪中国哲学家墨子的名字（Mozi或者MoTzu）命名的。"墨子"号卫星在距地500km的轨道上运行，一年之后（2017年）即实现了"纠缠粒子对"在太空中的首次成功发射。

量子比特

主要概念 | 目前，计算机的发展达到了它的物理极限，单纯地通过增加功率的方式，已无法对计算机的性能做进一步提升，所以很多实验室把目光转向了新一代的"量子计算机"技术。如想理解量子计算机的系统构成及运行原理，需要先了解一下它的基本组成单元——量子比特。传统计算机使用的是比特（bit），即"二进制数字（binary digit）"的缩写。比特可以简单地看作是一家小型商店，但它售卖的商品只有电荷。如果比特这家店里的电荷很少，就快没有了（低电位），那么它给出的信息是"0"；如果店里的电荷很多（高电位），那么它给出的信息就是"1"。这也就意味着比特可以用于保存二进制形式（只有0和1两个数字的计数方法）的数据，而二进制也是当前所有计算机所采用的数制。量子比特，就是量子化的比特，它与比特一样用于保存二进制数据，所不同的是保存方法，量子比特使用的是量子粒子的某种属性，通常情况下是"量子自旋"。对于量子自旋，当我们进行测量时，沿测量的方向会得到"自旋向上"或"自旋向下"的结果，但在实施测量之前，量子粒子所拥有的是两种自旋态的概率叠加值，"自旋向上"与"自旋向下"各自拥有一定的概率。这个概率有可能是50/50，但更普遍的情况是任何"一分为二"的结果，比如35.1117/64.8883。多个量子比特组成的系统，与同样数量的比特相比，能够容纳更多的数据组合。如3个比特可以容纳8个数值，分别是：000、001、100、101、010、011、110、111，但3个量子比特却有256个可能的数值。

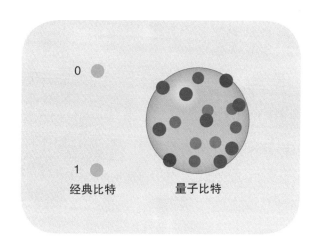

0

1

经典比特　　　　　量子比特

深入阅读 ｜ 为了实现量子比特，目前人们正在进行大范围的尝试。虽然理论上任何量子粒子都可以用作量子比特，但通常情况下使用最为频繁的还是光子和电子。电子的优点是易于操控，但不同的电子之间更容易发生相互作用，所以需要更为精密的"电势阱"对其加以限制。光子相比于电子，在操控上较为困难，但优点是光子之间几乎互不影响。大多数早期的量子比特只适用于实验室情形，通常需要附加特制的异形空腔和冷却设备，以保证量子比特能够在低温下正常运行。令人欣喜的是，在制备固态量子比特的尝试中，已有一些成功的经验，这使得基于固态量子比特的器件极有可能成为今后发展的主流。

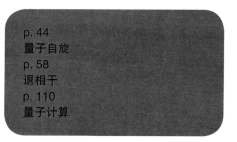

p. 44
量子自旋
p. 58
退相干
p. 110
量子计算

材料 ｜ 1995年，"量子比特（Qubit）"一词首次出现在本杰明·舒马赫的论文《量子编码》中，它的发明看上去是受到了古代测量单位"Cubit（指从手肘到指尖的距离）"的启发。在舒马赫论文的致谢中，他说道："我与W.K.伍特斯之间有很多有趣且有价值的对话，在其中一次对话中，我开玩笑地杜撰出了'qubit'这个新词（然后就把它用在了我的论文里）。"

量子计算

主要概念 | 对于孤立的量子粒子，可以使用它的某种量子属性作为比特的等价物，也就是说，生成量子比特的技术已变得实用。在此情况下，全世界范围内已掀起了一场波涛汹涌的量子计算机开发之战。量子计算机需要足够数量的量子比特才能够进行有效计算。现在的传统计算机一次能够处理高达数十亿的比特数据，但由于量子比特的特性及量子比特之间特有的相互作用机理，同样数量的量子比特能够携带大量的额外数据信息，因此若想达到等同于传统计算机的计算能力，量子计算机只需拥有几百或几千量子比特即可。量子计算机应用纠缠效应，其困难有二：一是如何避免量子比特发生退相干；二是量子计算机如何进行数据输入、存储和输出。已有实验证明，即使是在量子比特数量较少的情况下，要想完成量子计算也是极为困难的。在撰写本文的时候，全世界范围内最好的量子计算机是美国IBM创造的，但也只容纳有50个量子比特，与此同时，还有数以百计的实验室正在通过各自不同的方式进行尝试，以期能够达到量子计算的目标。量子比特如想避免出现退相干，通常需要极低的温度和专门的环境，因此，当前设想的量子计算机与原始的真空管电子计算机有些相像，笨重且一经建成就无法移动。也许在传统的电子芯片中引入一些量子计算的功能模块是一条可行之路，长期来看对现有计算机进行升级，使之配备量子器件，也许是今后更有可能出现的一种趋势。

深入阅读｜如果我们能够制造出来功能齐全的量子计算机，那些在传统计算机上因耗时过长而无法完成的算法就可以拿到量子计算机上运行，得到我们梦寐以求的结果。1994年，彼得·肖尔提出了"肖尔算法"。肖尔算法在应对"整数分解（即将一个整数写成若干个约数乘积的形式）"问题时，能够极其快速地找出所给整数的质因数，从而将广泛应用的RSA加密法置于易被破译的窘境。1996年设计出了"Grover搜索算法"，引起了各搜索公司的极大兴趣。想象一下，从100万条信息中找到一条特定的信息，如果使用常规的方法，平均需要尝试50万次，但如果使用Grover搜索算法，1000次之内一定能够找到你所需要的那条特定信息。

材料｜加拿大D-Wave公司已经在销售一种足有房间大小的量子计算机，它应用了一种特殊的算法，称之为"绝热量子退火"。与通常情况下量子计算机使用逻辑门有所不同的是，这种量子计算机使用的是一种"模拟的量子过程"，在图像识别等特定应用领域表现极为出色，但却不是我们想要的通用型量子计算机。

p. 58
退相干
p. 104
量子远距传动
p. 108
量子比特

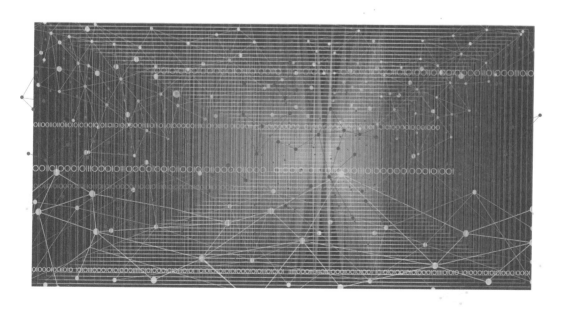

量子芝诺效应

主要概念 | 量子芝诺效应是与纠缠相关的较为奇特的效应之一，其中的"芝诺"指的是公元前5世纪的一位古希腊哲学家，他是埃利亚学派的代表人物著名哲学家巴门尼德的学生。埃利亚学派认为："世间一切变化皆为虚幻。"为表达这种哲学思想，芝诺提出了一系列悖论，试图证明人们对运动和变化的各种认识都是存在问题的。量子芝诺效应的名字，推测可能来源于"芝诺的箭"这一典故，而实际上，将之称作"量子观壶效应"（a watched pot never boils，即心急吃不了热豆腐）可能更加贴切一些。我们已知，一个量子粒子的属性只有在被测量时才具有确定的数值，否则就是各种数值的概率叠加。而量子芝诺效应描述的是这样一个过程，如果我们与一个量子粒子不断地发生相互作用，那么这个量子粒子的属性就会一直保持为某一固定值，而不会发生改变，这与心理学上的"一直盯着水壶，但水似乎永远不开"相类似。截至目前，量子芝诺效应还没有得到任何实际应用，但有研究者认为，某些鸟之所以具有利用地球磁场进行导航的能力，就是因为量子芝诺效应在其中发挥了关键作用，可能的机制是这样的：这些鸟眼睛中的电子处于纠缠态，量子芝诺效应使得这些电子不会发生其他相互作用，而使自身属性得以始终保持。

深入阅读 | "芝诺的箭"是探索运动本质的一个悖论。想象一下，有一支箭在空中飞过，然后某一时刻我们对它进行测量，为了对比，我们在这支箭的旁边并排放上另一支箭，而后面这支箭是不动的。那是好了，请告诉我，在测量的这一刻，运动的箭和不动的箭之间有什么差别？芝诺告诉你，在这一时刻，两支箭各自位于空间中的某一固定位置上，二者之间没有差别，然后以此类推，上述结论对于任一时刻都成立。那是不是意味着在所有时刻，两支箭都没有差别？也就是说，运动的箭和不动的箭是不是一直都是一样的？有没有被芝诺绕晕？其实这里有两个问题：一是在某一时刻对两支箭进行测量，虽然如芝诺所说位置是确定的，但是不能因为它们两个的这一属性相同，就说它们是完全相同的，两支箭有很大的不同：一是运动的箭具有动能；二是无穷多的无穷小量（如某一时刻，其实指的是长度无穷小的一段时间）加和，不是零，而是一个非零的实数。

材料 | 埃利亚（Elea）是巴门尼德学校的校址所在地，现在称作Velia，位于意大利的西海岸。埃利亚学派的核心思想是：虽然有违直觉，但运动和变化其实是不存在的，整个宇宙拥有一种我们无法直接通过感官感知到的、潜藏在内的、永不会改变的统一性。芝诺的任何一部著作都没能流传下来，我们所知的只有后人记述的他的九个悖论。

p.54
概率当道
p.56
波函数坍缩
p.98
EPR佯谬论文

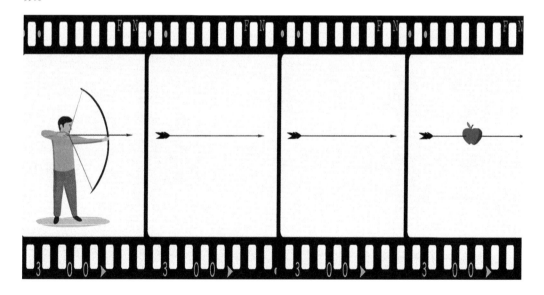

"如果有人说他可以毫不费力地思考量子理论的相关问题，而不会被绕晕，这只能说明一点，对于量子理论他还一无所知。"

——尼尔斯·波尔

第 4 部分

迷人的量子

量子革命

我们已经看到了19—20世纪物理学发生了何等的根本转变，而与此同时，工业与社会的技术基础也出现了重大的变化。19世纪产业的第一推动者是蒸汽，蒸汽机的发明与改良，既改变了人们的工作方式，又通过引入铁轨改变了人们的交通方式。而到了20世纪，先是电力，后是电子工业，接过了蒸汽的交接棒，承担起了社会变革者的角色。

电力照明、电动机使我们的日常生活发生了翻天覆地的变化。而随着电力的使用变得越来越普遍，越来越便捷，传统的通信方式也在逐渐地消亡，先是电报，后是无线广播，一下子拉近了人们的距离，让整个世界仿佛都变小了一样。当阿尔伯特·爱因斯坦第一次萌生"狭义相对论"（不同地点的同时性该如何理解）的思想时，他正供职于瑞士伯尔尼的专利局，日常处理诸如"使用电力对时钟进行远程同步的方法"一类的专利。所谓时势造英雄，只有变革的时代才会出现变革的人物——这一点儿也不令人感到吃惊。

电子时代

随着电力的使用变得越来越精密，电路的设计要求也变得越来越复杂。一种用于检测"阴极射线"放电现象的原始装置，转变成了通用型的电子器件——"真空管"。真空管的应用极为广泛，或者用于驱动电流沿着单一方向进行流动，或者充当电流流动过程中的开关，或者能够放大电信号中的微小变化，如一个低能无线广播信号就可以通过功能放大的方式转变为足以让房间内各个角落的人都能够听到的响亮声音。随着人们对电流中电子作用的理解更加深刻、准确，基于真空管的电子设备开始大量问世，我们将之称作"电子工业"。

此时，量子理论刚刚处于起步阶段。波尔发表关于原子的量子模型论文，与具有开关和放大功能的第一根真空三极管问世，几乎处于同一时期。电子开始时被视作一种量子"粒子"，但随着沃纳·海森堡、埃尔温·薛定谔、马克思·波恩和保罗·狄拉克发起的"全面量子革命"，物质的"波粒二象性"理论得到确认，电子变得"既是波又是粒子"。同时，人们也意识到使用量子器件能够更有效地对量子粒子的行为进行操控，这些量子器件都是应用某种量子效应有针对性地设计出来的。

用于操控电子的量子器件是完全有必要的，因为真空管在某些环境下使用是会出问题的。20世纪40年代，科幻作家詹姆斯·布里什在他的作品中设想出了一种能够进入木星大气的探测器，但是他随即注意到这种探测器不能含有真空管等电子设备，因为木星的大气压力超过地球10倍，会导致真空管脆弱的玻璃外壁因承受不住大气压力而发生爆裂。即使是在地球环境下，真空管也有诸多不便，如体积庞大、产生大量的热、需要满足高压条件等，同时，真空管的生产需要使用重型设备，这也意味着基于真空管的电子设备不具有便携性。因此，需要将真空管升级为晶体管。

早在1926年朱利叶斯·利林菲尔德就提出了固态三极管的设计构想（他的这些专利还给晶体管的设计团队造成了困扰），但是按照他的方法，是无法成功制造出晶体管的，之所以会失败，一部分原因是缺乏对半导体量子性质的正确理解。所谓"半导体"，是导电性介于导体和绝缘体之间的一种物质，比如硅和锗，在后面我们会发现，半导体材料对于固态电子工业的发展是何等重要。

量子的广泛应用

1947年，贝尔实验室的一个团队成功实现了晶体管的正常运行。之所以他们能够脱颖而出，是因为在这些进行晶体管开发的电子专家中，这个团队对于量子物理的理解最为深刻、最为准确。正是这些量子相关的专业知识，成了助推电子工业发展的驱动力，集成电路、激光器、发光二极管（LED）等新的发展分支不断涌现。在发达国家，上述这些与量子密切相关的器件所产生的效益，已占到GDP的35%。这只是一个粗略估算的数字，但足以说明在现代社会中量子的地位是如何的举足轻重。而且这一数字还没有包括因量子革命而发生重大改变的职业，比如科普作家，在电子工业之前需要撰写手稿，再把稿件邮寄给出版社，最后出版社印刷发表，而现在各项工作已完全被计算机、互联网、智能手机等所代替。

量子物理是如此令人着迷，它给予我们一种独一无二的视角，来探察我们所能接触的"真实"的最深层次。虽然量子物理始终在强调，这种所谓的"最深层次"只是我们所能测量到的真实的表象，而"真正的真实"仍然隐匿于其下，但与很多纯粹的物理理论不同的是，量子理论不只限于学术，也对我们每个人的日常生活产生了巨大且深远的影响。

人物小传

海克·卡默林·昂内斯（1853—1926）

1853年，海克·卡默林·昂内斯出生在荷兰格罗宁根。他是一位掌控"超冷"技术的大师。1882年，在完成格罗宁根大学和海德尔堡大学的学业之后，昂内斯成为莱顿大学的实验物理学教授，在这一职位上，他一直工作到1923年。昂内斯在莱顿大学的课题研究集中在低温物理领域。1908年，昂内斯取得了他人生中的第一项巨大成功，通过将氦气降温至−271.65℃而实现了氦的液化，−271.65℃的低温仅比绝对零度−273.15℃高1.5℃，是当时人类所能创造的最低温度。1911年，昂内斯在研究低温对电导率的影响时，发现汞在−268.95℃时发生了状态的改变——它的电阻竟然完全消失了，昂内斯发现的这一现象，我们现在称之为"超导"。卡默林·昂内斯留给人们的印象是老派而专横，在他的研究工作中，不管有多少助手，撰写论文时作者一栏只有他一个人的名字。但无论如何，他所取得的成就是毋庸置疑的。1913年，昂内斯获得诺贝尔物理学奖，此时超导现象尚未开发，被普遍认为是毫无价值的"奇葩"，以至于在颁奖礼上介绍昂内斯学术成就时都没有提到这项工作——但出乎所有人意料的是，现在超导已成为量子物理最为重要的应用之一。1926年，昂内斯在莱顿逝世，享年73岁。

布莱恩·约瑟夫森（1940—）

1940年，布莱恩·约瑟夫森出生在威尔士加的夫。除了在伊利诺斯大学作为助理教授短暂工作过一段时间外，约瑟夫森截至目前的整个职业生涯都是在英国剑桥大学度过的。1962年，在取得自然科学学士学位后仅仅两年，约瑟夫森撰写了题为《超导隧穿中可能的新效应》的论文，核心内容是关于超导金属结中的隧穿效应机制，我们现在将之称作"约瑟夫森效应"。凭借此项工作，1973年约瑟夫森获得诺贝尔物理学奖。约瑟夫森效应是若干已知量子效应的结合，这些量子效应都已在各种仪器设备中实现了直接应用，而约瑟夫森效应在超导量子干涉装置（SQUID）中表现得尤为突出，被证明具有极高的实用价值。需要说明的是，约瑟夫森获得诺贝尔物理学奖时只有33岁。20世纪70年代末，约瑟夫森对科学研究中忽视心灵感应、超自然现象等纯经验领域的处理方式表示不满，虽仍供职于剑桥大学物理系，却开始进行"意识-物质统一化工程"的研究工作。约瑟夫森是一位饱受争议的人物，甚至有人认为他的早期工作也并未对物理学的发展做出多大贡献，但无论如何，在量子技术的发展过程中，说他发挥了至关重要的作用这一点还是毫无疑问的。2007年，约瑟夫森从教授职位上退休，但仍在剑桥大学继续他的研究工作。

西奥多·梅曼（1927—2007）

1927年，西奥多·梅曼出生在美国洛杉矶。作为一名工程师和物理学家，他制作出了世界第一台激光器，赢得了激光军备竞赛冠军。梅曼的学习经历为他能够成功发明激光器提供了绝佳的条件：他先是在科罗拉多大学取得了工程物理的学士学位，随后在斯坦福大学接连取得了电气工程学的硕士学位和物理学的博士学位。横跨理工的知识体系，让梅曼不仅具有工程方面的实践经验，而且具有扎实的物理学功底，两者的完美结合使得梅曼得以克服技术上的重重险阻，成功完成了第一台激光器的制作。1956年，梅曼加入了休斯公司，这家公司曾使用红宝石开发出微波激射器（Maser）。所谓的"微波激射器"，就是激光器的前身，二者的不同之处在于，微波激射器发射的电磁波处在微波段，而激光器发射的电磁波（激光）处在光波段。由于一份错误报告，当时红宝石被认为不能用于产生激光，但梅曼却下定决心要一探究竟。1960年5月16日，梅曼在早期电子闪光灯管的启发下，使用红宝石完成了第一台激光器的制作。当媒体进行报道时，为了增强宣传效果，竟把激光束描述为"科幻小说中的死亡射线"，为此梅曼感到又惊又喜。后来，梅曼领导了一家专门从事激光器开发的公司和一家致力于大屏幕激光视频显示器的企业。但令人遗憾的是，尽管梅曼是第一台激光器的制作者，终其一生却被排除在诺贝尔物理学奖的获奖者之外。2007年，梅曼于温哥华逝世，享年80岁。

威廉·肖克利（1910—1989）

1910年，物理学家威廉·肖克利出生在英国伦敦，但其实他的父母是美国人。肖克利在美国加州帕洛阿尔托长大，先后就读于加州理工学院和麻省理工学院。肖克利获得博士学位之后，直接进入贝尔实验室，并在这里一直工作到了1956年。随后他离开贝尔实验室，创建了自己的实验室——肖克利半导体实验室，这是美国"硅谷"出现的第一家实验室性质的企业。第二次世界大战期间，肖克利致力于雷达的研究工作，战后肖克利又受命领导团队进行固态物理的开发，以期能够替换早期电子工业中常用但却易碎的真空管。肖克利与约翰·巴丁、沃尔特·布拉顿密切合作，开发出了固态三极管，他们将之命名为"晶体管"。晶体管是团队通力合作的结晶，因此1956年三人凭借此项工作，共享了诺贝尔物理学奖。后来，肖克利提出了一些理论上的改进意见，增强了晶体管的适用性。同时，他还是两种关键晶体管的发明者。生活上，肖克利是一个难于相处的人，无论是贝尔实验室的团队成员，还是肖克利半导体实验室下的众多员工，都对他较为疏远。1957年，肖克利半导体实验室的8名顶尖科学家一同离开了公司，创办了他们自己的企业，这就是后来更为成功的"快捷半导体公司"。1963年，肖克利进入斯坦福大学任教，直到退休。1989年，肖克利于斯坦福逝世，享年79岁。

时间线

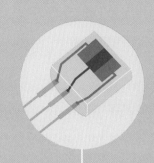

电子显微镜

恩斯特·罗斯卡与马克思·诺尔建造出了世界第一台电子显微镜，这标志着从现在开始显微观测领域以光学仪器为主导的局面一去不复返了。根据物质波理论，电子可表现为波，且其对应的波长与光波长相比，要小得多，因此电子显微镜与传统的光学显微镜相比，能够解析尺寸小得多的物体。

1911年　**1931年**　**1947年**

超导

海克·卡默林·昂内斯第一次成功实现超低温（只高于绝对零度1.5℃）后仅仅3年，在高于绝对零度约4℃（−268.95℃）的条件下，发现汞表现出了超导特征。在这一温度，汞的电阻突然间降低到了0。

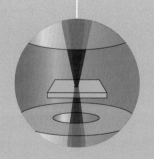

电子器件

约翰·巴丁、沃尔特·布拉顿与威廉·肖克利发明晶体管，在固态电子工业的征途上迈出了第一步，同时他们也向世人展示了，离开量子物理的支持，新时代电子工业将寸步难行。晶体管迅速取代真空管在电子工业中的核心地位，并为现代电子器件的发展铺平了道路。

激光

尽管曾有技术专家告诫他使用红宝石是无法实现激光发射的，西奥多·梅曼在休斯公司还是执着地实施起以人造红宝石为增益介质的激光器设计方案，并最终取得成功。梅曼的激光器基于阿尔伯特·爱因斯坦30多年前提出的受激辐射理论，通过一个"种子"光子，诱导出大量相同光子同相位振荡，形成"相干光"发射，即激光。

核力

与量子电动力学相类似，描述夸克间强相互作用（核力）的量子色动力学得到了发展。与电子不同的是，用于描述夸克的是一种被称为"色"的新自由度，它有3种不同的状态，分别称作"红""绿""蓝"（但需注意的是，这里的"色"只是一种概念的借用，与实际中的颜色毫无关系）。同时，夸克与胶子（类似于光子）之间的相互作用，与量子电动力学相比，也要复杂得多。

1960年

1962年

1973年

约瑟夫森效应

年仅22岁的布莱恩·约瑟夫森发现了后来以他名字命名的"约瑟夫森效应"，引领了"约瑟夫森结"、单电子晶体管、超导量子干涉装置（SQUID）等的蓬勃发展。超导量子干涉装置基于超导结中的量子隧穿效应，是一种极其灵敏的磁场探测器，无论是地球磁场的微小变化，还是未爆炸炸弹的微弱信号，都能够被其准确测量到。

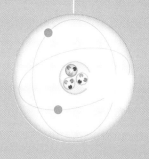

激光器

主要概念 ｜ 量子物理很多实验方面的发展都离不开一种量子器件，那就是"激光器"。20世纪50年代中期，俄罗斯物理学家亚历山大·普罗霍洛夫和尼古拉·巴索夫发展了"微波激射器（maser）"理论，maser即"受激辐射微波放大"的首字母缩写。不久，美国物理学家查尔斯·汤斯就制造出了世界上第一台可运行的微波激射器。微波激射器使用的是光子与物质原子之间的一种量子相互作用，称为"受激辐射"，可对微波实现放大。虽然微波激射器可用于电信、原子钟等领域，但却受到自身功率不足所带来的局限，在实际中也有更好的替代方案可实现相同的功能。如果能够将微波激射器的工作波段从"微波"变换到"可见光"，将会获得更为广泛的应用。1960年5月16日，美国物理学家、工程学家西奥多·梅曼以人造红宝石为增益介质，以相机闪光灯管为谐振腔，成功制作出世界第一台激光器。激光高有效性的关键在于，通过受激辐射过程，获得了单频率、窄频宽、同相位的大量光子，也就是说，激光器所发射的是"相干光"。激光的相干性使其与普通光相比，有小得多的色散，是电信传输的理想媒介，也可用作专门的切割设备。自1960年激光器问世以来，海量的激光技术得以发展，使得激光器本身在我们的现实生活中几乎随处可见。

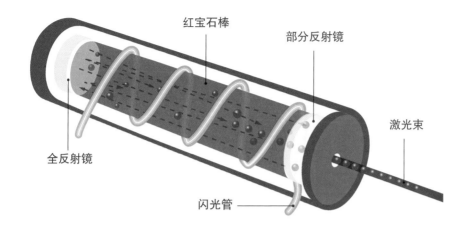

红宝石棒

部分反射镜

激光束

全反射镜

闪光管

深入阅读 ｜ 很多早期的激光器，如梅曼制造的第一台激光器，都使用红宝石作为增益介质。在随后的几年内，人们又发明了气体激光器，所做的改进是将实验室原本使用的碱金属气体变成了腐蚀性更低的气体材料。然而真正的突破、使激光器在现代得以广泛应用的，却是半导体激光器的发明。几乎所有的家用激光器，如在CD唱机、DVD播放器、蓝光播放器、激光打印机、激光笔中使用的，都是半导体激光器。这些半导体激光器，尺寸极为微小，甚至可以穿过针孔，它的运行原理与发光二极管（LED）类似，通过泵浦，将半导体中的电子从低能带运输到高能带，然后再从高能带受激辐射到低能带，从而发射出激光。

材料 ｜ 尽管阿尔伯特·爱因斯坦对量子理论的概率性表示反对，但他对量子世界却做出了突出贡献，激光就是其中之一。1917年，在尼尔斯·波尔原子量子模型的基础上，爱因斯坦提出了受激辐射理论，也就是说，一个原子吸收了一个光子，从低能级跃迁到了高能级，当另一个相同光子入射时，原子会将原先吸收的光子再次释放出去。

p. 28
量子原子
p. 40
泡利不相容原理
p. 78
超光速实验

晶体管

主要概念 | 在电子工业发展早期，人们设计生产出了一种极其有用的器件，名为"三极管"。三极管有两种应用方式：一是可以对一个小的电信号进行放大；二是可以用于开关另一电流。三极管的"放大功能"在音频和广播方面效用显著，而"开关功能"可用于制作"逻辑门"器件，从而使得电子计算机的制造成为可能。但绝大多数电子器件所使用的三极管数量都极其大，三极管所使用的阀体——真空管，体积庞大、易碎、耗能大的缺点就突显出来了。在这种情况下，电子器件想实现便携性，简直就是天方夜谭。应运而生的晶体管，完全的固态设计，体积小，坚实耐用，还低耗能，是真空管三极管的理想替代。晶体管之所以能够设计成型，根本上说是源于对量子物理的深入理解。最简单形式的晶体管是3片半导体材料（如硅、锗）堆叠形成的"三明治"结构。半导体有两种类型，N型半导体和P型半导体，其中的N型半导体在基质材料中掺杂了少量的磷，而P型半导体在基质材料中掺杂了少量的硼。N型半导体有多余的电子（N就是Negative的首字母），而P型半导体有多余的空穴（P就是Positive的首字母）。因此，前述的晶体管"三明治"结构，就有NPN或PNP两种构造形式，其中"中间层"的作用是控制向两侧的电流流动。晶体管，尤其是以晶体管为核心发展成为集成电路时，整个电子工业发生了翻天覆地的变化。

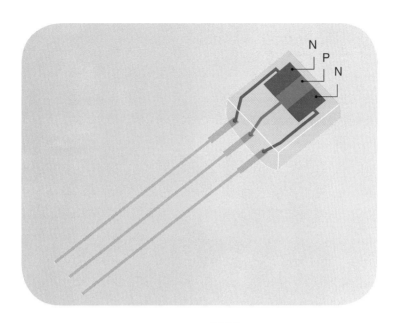

N
P
N

深入阅读 | 现在的计算机处理器可容纳5亿个晶体管，若想实现将如此大量的晶体管"塞进"一个小小的箱子里，非得借助于"集成电路"不可。而所谓的集成电路，就是以一块硅片为基片，在其表面上焊接大量的电子元件，从而形成具有某种特定功能的电子器件。集成电路中使用的晶体管，较为典型的是MOSFET，即"金属氧化物半导体场效应晶体管"。早在肖克利等人制作出第一根晶体管之前，场效应晶体管就已经被设计出来了，但在当时无法实现制作。在早期的场效应管设计方案中，前述的"中间半导体层"是不存在的，只有两片半导体薄片，相隔一定间隙放置，然后在间隙中引出一个称作"栅极"的电极，电极通电后，通过电场实现对电流的控制。另一种形式的晶体管用于闪存器中，利用隧穿效应储存电荷，实现数据的存取。

材料 | 1953年，在约翰·巴丁、威廉·肖克利、沃尔特·布拉顿发明晶体管后仅仅6年，英国曼彻斯特大学就使用晶体管建造了世界第一台计算机。在此之前，电子计算机可谓是庞然大物，在众多应用中表现得束手无策，如1946年制作的ENIAC，使用了2万个真空管，需要150kW的电力供给才能运行。

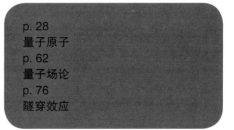

p. 28
量子原子
p. 62
量子场论
p. 76
隧穿效应

电子显微镜

主要概念 | 1921年，法国物理学家路易斯·德布罗意提出"物质波理论"，指出电子等粒子具有波的类似行为，仅仅3年之后，上述理论就得到了实验证实。到1931年，物质波概念有了一个实际应用，那就是将电子应用到显微镜中。传统显微镜使用光和透镜来观测微小的物体，但分辨率——能够聚焦的最小尺度——却受到光波长的限制。对于相较于单个波长小得多的物体细节，使用传统显微镜是不可能获取的。传统的光学显微镜可分辨的最小尺度约为200nm（1nm=10^{-9}m），放大倍数最大可达2000倍。但最好的电子显微镜可分辨的最小尺度约为50pm（1pm=10^{-12}m），放大倍数最大可达10 000 000倍。早在1933年，德国物理学家恩斯特·罗斯卡就制作出了世界上第一台电子显微镜，虽然在现在看来只能算是电子显微镜的原型机，但其分辨率就已经超过了传统的光学显微镜。电子显微镜从结构上看，有点儿像是倒置的光学显微镜，它不再使用"光—样品—透镜"的传输模式，而是发射一束聚焦的电子，照射到薄样品上，电子经薄样品反射或透射后，再次聚焦到磷光显示屏或感光板上进行成像。不久之后，人们利用电子对样品表面的影响，又开发出了另外一种电子显微镜——扫描隧道显微镜。

深入阅读 | 电子显微镜最早的设计方案是"透射电镜"。到1937年，人们又开发出了"扫描电镜"，即发射电子束到样品表面，然后检测反射电子束或电子束轰击样品表面产生的电磁辐射。现在，两种类型的电子显微镜都得到了广泛应用。扫描电镜相比于透射电镜，分辨率较低，但不需要穿透样品表面，能够处理更厚或者三维的样品。但扫描电镜能够观测的样品种类存在限制，这些样品必须满足坚硬、干燥，而且能够耐受高真空等条件，如果样品自身不导电，还需要在样品表面增镀导电薄膜。

材料 | 1981年，人们开发出了"扫描隧道显微镜"，虽然有时会与扫描电子显微镜发生混淆，但它其实是一种完全不同的应用电子的量子器件。扫描隧道显微镜使用微小的导电针尖在样品表面移动，测量针尖与表面之间的隧穿电流。扫描隧道显微镜还可在单原子的维度上实现物质的操控。

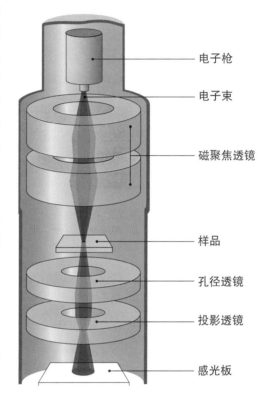

电子枪
电子束
磁聚焦透镜
样品
孔径透镜
投影透镜
感光板

p. 30
波粒二象性
p. 42
量子双缝
p. 76
隧穿效应

超导

主要概念 | 超导是一种非常奇特的量子现象，一经发现就引起了全世界的震惊。荷兰物理学家海克·卡默林·昂内斯，任职于莱顿大学，是一位低温技术的专家。1911年，昂内斯正致力于绝对零度（−273.15℃）附近金属导电性的研究。他不断地降低汞的温度，在−268.95℃时，汞突然出现了一个变化——它的所有电阻都消失了。通常情况下，电子在导体中流动，会与导体中的原子发生相互作用，从而产生电阻。但一旦实现了超导，就仿佛导体中变得空空如也，再也没有任何阻碍能够对电子的运动产生限制。为了验证超导可能产生的这种效果，卡默林·昂内斯在一条超导导线中通入了一束电流。这个实验持续了数小时，在实验的整个时间跨度内，电流一直在流淌，没有受到任何限制。20世纪50年代，有人进行了一项与上述昂内斯实验相类似但更精密的实验。这个实验持续运行了整整18个月，最终也没有发现电流出现任何变化。卡默林·昂内斯立即意识到超导对于电力分配的巨大益处，一旦超导得以使用，长期困扰电力行业的因电阻发热导致的能量耗散问题将迎刃而解。但是超导的实现与保持需要极低的环境温度，这极大地限制了超导的应用，以至于仅能在产生强力磁场的专门设备中得到使用。基本的超导性有几种不同的类型，可用量子效应加以解释，即在超导体的影响下，电子的行为方式进行了统一，当所有电子变得整齐划一之后，电阻会降至0。

深入阅读 | 超导遇到的主要问题是，它的实现需要保持极低的环境温度。数十年来，人们一直在尝试寻找高温超导材料，且如果这种超导材料不需要进行专门的冷却处理，那就最为理想不过了。到了20世纪80年代，人们发现了基于特种陶瓷材料制成的超导体，例如将汞、钡、钙、铜、氧整合在一起制作出的陶瓷材料，实现超导的温度范围是–183℃ ~ –148℃。这是早期超导体研究中的巨大进展，因为使用液氮冷却就可以实现上述低温需求，而不再需要极为昂贵且极难操控的液氦冷却。现在的研究人员仍在孜孜不倦地探索那让人梦寐以求的"室温"超导材料。

p. 38
不确定性原理
p. 130
磁共振（MRI）扫描仪
p. 132
约瑟夫森结

材料 | 超导体除了电阻下降为0之外，还可以产生"迈斯纳效应"，这是用德国物理学家瓦尔特·迈斯纳的名字命名的。迈斯纳效应是说，材料的状态转变为超导态时，材料内部的一切磁场都会被驱逐出去，即出现"磁场排斥"现象。迈斯纳效应会产生一个极具戏剧性的现象，当我们将一块磁体置于超导体之上时，由于磁体产生的磁场无法穿透超导体，超导体的等效磁化率为–1，产生超导斥力，就可使磁体悬浮在超导体之上。

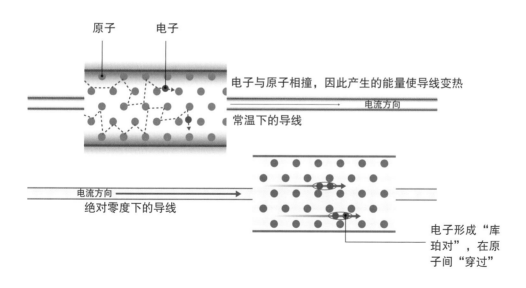

原子　电子

电子与原子相撞，因此产生的能量使导线变热

电流方向

常温下的导线

电流方向

绝对零度下的导线

电子形成"库珀对"，在原子间"穿过"

磁共振（MRI）扫描仪

主要概念 | 我们中的很多人遇到过的最为精密的量子设备就是磁共振（MRI）扫描仪，它其实是多种量子设备的集成，"MRI"是英文"磁共振成像"的首字母简写。原本它更为准确的名字是"NMR"，即核磁共振，但"核"这个词容易引起人们的误解和不安，为了表达出该项技术实际不产生电离辐射的优点，就把"核"字去掉了，成了现在的"磁共振成像"。MRI扫描仪并不使用有害的X射线，而是将原子转变为无线电波的发射器。扫描仪作用在人体内水分子的氢原子上，当人体通过扫描仪时，会被施加一个很强的磁场，在这个磁场的作用下，氢原子中质子（即氢原子核）的自旋会发生翻转，当把磁场关闭，氢原子核的自旋又会复位，在这一过程中就产生了一个无线电波波段的光子，而该光子会被接收线圈接收到。人体内的水分子数以千万计，纷纷化身为这种无线电波的发射器，将它们发出的这些信号收集在一起，就构建出了"磁共振图像"。对氢原子核自旋的这种操控是一种量子效应，但产生所用的磁场却需要另外一种量子效应。扫描仪使用极为强力的磁体，来提供翻转氢原子核自旋的磁场，这个磁体需要使用液氦，将之冷却到极低的温度，典型值约为-269℃。在如此低的温度下，磁体转变为超导体，就能够产生不同寻常的超强磁场。超导磁体在一系列需要使用强力磁场的专业领域中已获得应用。

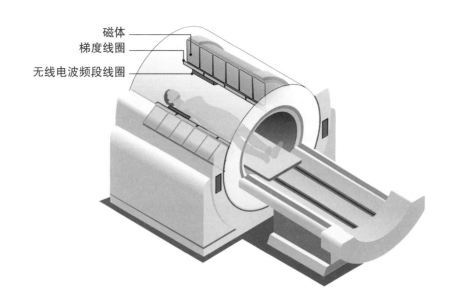

磁体
梯度线圈
无线电波频段线圈

深入阅读 | 只要对强力磁场有需求，就必然会用到超导磁体。超导磁体最令人印象深刻的应用莫过于世界上最大的机器设备——大型强子对撞机（LHC），它位于瑞士日内瓦附近的欧洲原子核研究中心实验室内。在大型强子对撞机（LHC）内，约使用了10 000块超导磁体，以保持质子束能够沿加速器轨道循环往复运动。超导磁体还可用于磁悬浮列车，利用超导磁体产生的磁力使列车悬浮于轨道之上，然后通过磁相互作用对其加速，使其向前运行。该应用的开发仍处于实验室阶段。目前，第一个规划中的磁悬浮列车商业计划是日本的"中央新干线"，它从东京起始经名古屋直到大阪，时速预期将达到约500km/h。

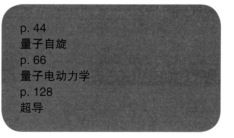

p. 44
量子自旋
p. 66
量子电动力学
p. 128
超导

材料 | 磁共振扫描仪的噪声大，也是出了名的。这是内部称作"梯度线圈"的小磁体，在不断打开、关闭，以使患者周身附近的磁场发生变化而形成的。只有这样，才能够使人体中氢原子核的自旋发生翻转，释放出无线电波光子，进而绘制出完整的磁共振图像。组成磁体的线圈剧烈地膨胀、收缩，因此制造出来的闷响可达120dB，这与一架喷气式飞机所产生的噪声相当。

约瑟夫森结

主要概念 | 1962年，布莱恩·约瑟夫森设计了一种举世瞩目的超导量子器件——约瑟夫森结，并于11年之后凭借此项成果获得诺贝尔物理学奖。约瑟夫森结由两片小的超导体组成，在这两片超导体之间有一个势垒，可使用绝缘体，也可使用传统的电导体来形成这一势垒。隐藏在超导电性之后的是复杂的量子效应，其中之一涉及"成对电子"，这些电子对表现得就好像是一个单一的实体，它与超导体的晶格发生相互作用，导致超导电性的出现。这些"成对电子"被称作"库珀对"，是用美国物理学家利昂·库珀的名字命名的，正是他发现了这些成对电子在约瑟夫森结中所发挥的重要作用。如量子隧穿效应所表现出的，单个的量子粒子可以通过隧穿的方式跃过势垒，约瑟夫森预言"库珀对"表现为一个单一实体，也可以发生类似的隧穿现象。约瑟夫森进一步发现，当在约瑟夫森结上施加交变电流，该结会依据电流的频率，提供极为灵敏的电压测量。尽管约瑟夫森自身只对基础物理学抱有兴趣，但他在论文中对"约瑟夫森结"的描述，却引领了实际应用领域的开发。在他之后，其他的物理学家研发出了众多的极具潜力的应用。例如，约瑟夫森结已被应用在量子计算机的实验开发中；在天文学领域，约瑟夫森结被用于制作极宽光谱器件（与数码相机中的电荷耦合装置相类似）。

深入阅读 | SQUID，即超导量子相干器件，是约瑟夫森结最具潜力的一项应用。SQUID根据使用约瑟夫森结测量周边磁场的微小变化，对施加在约瑟夫森结上的电压进行相应调整。SQUID的应用极为广泛，目前它正在四处出击，对从量子计算机、磁共振（MRI）扫描仪（变体）到未爆炸炸弹的探测器等几乎所有事物进行实验尝试。基于SQUID的探测器，还可用于测绘地球磁场因介于其中的物体引起的微小变化。由于SQUID的灵敏度极高，这意味着该探测器能够以无与伦比的清晰度将位于地球磁场中的物体测绘出来。相比于其他远程备选方案，基于SQUID的探测器质量更高，而且还能够穿过灌木丛或深入水下进行工作。

p. 54
概率当道
p. 76
隧穿效应
p. 128
超导

材料 | 约瑟夫森关于"约瑟夫森结"的论文极其详尽，这是他作为物理学家强烈个性的一种体现，不要忘了，这时的约瑟夫森仅仅只有22岁。菲利普·安德森是约瑟夫森在校时的一位老师，他曾经说道："对于一名讲师而言，教授约瑟夫森是一段令人心怀惴惴的经历，因为你必须保证自己讲授的每一件事情都是无误的，否则课后他必然上前，跟你探讨如何才是正确的讲述方式。"

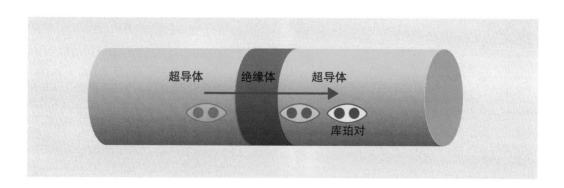

量子点

主要概念 | 在量子技术的众多应用中，如果能将一个量子粒子约束住，将是十分有用的。根据粒子的不同，可选择不同类型的"势阱"来将粒子固定在原位。举例而言，光子可保存于镜面谐振腔内，而带电粒子可使用电磁力，从所有方向对该粒子施加电磁斥力，从而实现约束的目的。如果在实验室内进行相关实验，上述装置都是可行的；但如果想整合进商用的电子器件中，这些装置就显得过于庞大而笨重了。量子点是一种体积极小的半导体器件，它的作用只有一个，就是能把一个电子束缚住，也就是说，它能够表现得像是一个"人造原子"。当原子内的一个电子通过量子跃迁从高能级跃迁到低能级，两能级之间的能量差会以一个光子的形式进行释放，也就是说，原子发出了光。而一个量子点可几乎完全一样地进行上述过程。量子点中的电子开始时具有额外的能量，当电子向稳态跃迁时，就会把这部分能量以光子的形式释放出去。当大量量子点组成的晶体有电流从中流过时，每个量子点会依据自身的尺寸和形状，发出不同颜色的光，从而整个晶体将变得五彩斑斓、璀璨夺目。量子点还可用于制作单电子晶体管，这时量子点就好像是一个微型的闪存器，可以在不提供能量的情况下进行数据的存储。

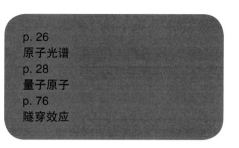

p. 26
原子光谱
p. 28
量子原子
p. 76
隧穿效应

深入阅读 | 闪存，主要用于记忆棒和SSD计算机内存中，可在无须持续施加电流的情况下进行数据的存储。闪存中，每一个存储单元都是一个由绝缘体包围的孤立导体。"导体充电"代表1，"导体放电"代表0，由于它是孤立的，若想与之发生相互作用，就必须通过"量子隧穿效应"才能实现。在量子点单电子晶体管中，导体（称作"岛"）是单电子的家，这与闪存器中多电子的充放电过程是完全不同的。量子点的特性使得它成为量子计算机基本存储单元——"量子比特"的理想候选。

材料 | 1980年，华盛顿大学的汉斯·德默尔特证明，使用电磁势阱可将一个量子粒子完全束缚住，也许这是当时最为激动人心的事件之一。德默尔特实现的是单个钡离子（一种带电粒子）的束缚，当使用合适波长的激光束对该束缚粒子进行照射时，这个粒子在肉眼下会变得清晰可见，就如同飘浮于太空之中的一个闪亮的针尖一般。

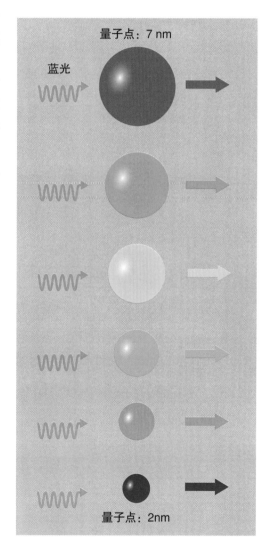

量子光学

主要概念 | 从某种意义上说，所有的光学器件都是与量子相关的，它们对光子进行操控，其工作方式可用量子电动力学进行描述。所以，诸如镜面反射、透镜聚焦等都是量子现象，正如我们对量子物理的深入理解引发了电子工业的深刻变革。在光学领域，表面上看起来不可能的事情，却可以使用基于量子现象构筑的新型技术予以实现，我们把这一新的领域称作"量子光学"或"光子学"。其中一种实现方式就是使用"超材料"。超材料是在金属薄板上，通过特殊的方法对晶格进行重新构造，或者形成周期性的孔洞，以使其具有"负折射率"这一显著性能。当光束照射到超材料上时，它的光束偏折方向与光通过玻璃时完全相反。光学透镜存在分辨极限，当两个物体相距约为光波长时，就无法进行区分了；而负折射率可使超材料器件聚焦到更小的尺度上，这种程度的分辨率在以前只有电子显微镜能够达到。另一项光子技术是光子晶体。与超材料不同的是，光子晶体存在于自然界中，如猫眼石、蝴蝶翅膀、孔雀尾等能够产生彩虹色的物体。作为电子工业中半导体的等价物，人造光子晶体可用于制造"光学计算机"，在这里用作信息载体的不再是电子，而是光子。

深入阅读 | 量子光学最为引人注目的应用，不像是发生在传统的物理学领域，而更像是发生在《哈利·波特》或《星际迷航》中，那就是"隐身术"。某些超材料可以通过偏折物体周边的光线，使物体变得不可见，就仿佛凭空消失了一样。对于较小的物体，已有技术在微波波段予以实现，但是如想在光波波段也达到同样的目的却是千难万难，关键在于所使用的材料吸收了越来越多的光之后，工作效率会变得越来越差。实现隐身还有其他的备选机制，如通过光学方法对超材料原本受限的输出进行放大，或使用光子晶体来控制光的衍射方式等，所以我们仍然保有通过量子技术实现隐身的希望。

材料 | 量子光学器件现在随处可见的一种形式是LED，即发光二极管。LED所使用的灯管是20世纪50年代发明的，它通过量子效应来进行发光，当携带有能量的电子进入半导体的空穴时，发生价带到导带的辐射跃迁，释放出光子，形成光束的发射。近来，在蓝光LED中，加入红光和绿光的成分，可实现白光发射，这将带来低能耗照明的巨大变革。

p. 28
量子原子
p. 66
量子电动力学
p. 74
窗和分束器

超流体

主要概念 | 海克·卡默林·昂内斯发现超导现象的同时，注意到自己用来冷却汞超导体的液氦，其行为方式透着一丝古怪。在约-271℃时，液氦的导热能力突然急剧蹿升。液氦究竟发生了什么，在当时是一个谜。液氦里除了氦元素，别无其他，到底是什么导致了热导率的激增，不得而知。直到1938年俄罗斯的彼得·卡皮查、英国的约翰·艾伦和唐·密申纳发现，液氦其实发生了与低温下超导体相同的巨大改变。当液氦处于"临界温度"时，它会突然失去所有的"黏度"，而成为我们后来称之为"超流体"的一种物质形态。这里的黏度是物质黏性的一种度量方式，黏度越大，对液体流动的阻碍就越大。如超导体在临界温度失去了所有的电阻一样，当氦超流体被充分冷却时，也会失去所有对流动的阻性。一旦超流体开始流动，除非温度升高到临界温度以上，否则它会永不停歇地流淌下去。超流体是少有的、可通过人眼直接看到的量子现象，搅拌一下容器中的氦超流体，你就会看到它会持续不断地旋转下去，如果容器有任何的出口，超流体都能够从中逃逸出去。

p. 56
波函数坍缩
p. 128
超导
p. 140
玻色-爱因斯坦凝聚

深入阅读 | 一个容器中储存有氦超流体，当氦超流体开始流动时，它会像一层薄膜一样，沿着容器壁一点点地向上"蠕动"。如果容器本身不是密封的，氦超流体抵达容器壁顶后，就会翻过容器壁而流到外面去。如果容器的形状满足特定的要求，可实现自供能的超流体喷泉。1983年，在一颗红外天文卫星上，超流体的该种特性第一次获得了实际应用。红外天文望远镜的镜片需要保持在恒定的低温条件下，以避免图像发生扭曲变形。为达到这一目的，使用了内含氦超流体的一个特殊容器，该容器的形状使得每过一段时间都会有微量的氦超流体被抽运上来，对天文望远镜的镜片进行冷却，以保证天文望远镜在恒定的温度下运行。

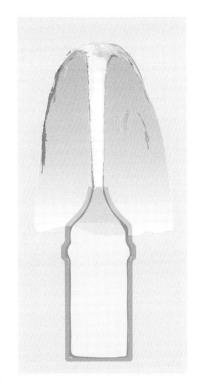

材料 | 超流体中的氦原子形成了一种特殊的物质形态，我们称作"玻色-爱因斯坦凝聚态"。在该状态下，所有的原子共享同一个量子波函数。玻色-爱因斯坦凝聚只适用于氦最为常见的一种同位素——He-4。但令人感到奇怪的是，当氦的另一同位素He-3处于-273.15℃时，也能够转变为超流体，这时He-3原子两两配对，就仿佛是汞出现超导电性时的"库珀对"一样。

玻色-爱因斯坦凝聚

主要概念 | 我们中的大多数人在学校读书时都被告知，物质一共有三种形态，分别是固态、液态和气态。随着克鲁克斯管和其他电子器件的发展，人们又发现了物质的第四种形态，我们将其命名为"等离子体态"。等离子体态与气态有些类似，不同的是，组成气态的仍是原子，而等离子体态则是由离子（原子得到或失去电子后，带有电荷的一种形态）组成的。现在，量子物理又引入了物质的第五种形态——玻色-爱因斯坦凝聚态。所谓玻色-爱因斯坦凝聚态，是指玻色子（一类粒子，如光子）的气体处于超低温下的一种状态。形成凝聚需要极低的温度，这时绝大多数的量子粒子处于最低能态，它们开始如一个"集体粒子"一般共同行动，且共享同一个波函数。其结果就是，材料虽然是由大量粒子所组成的，但其行为方式却几乎与一个单一粒子无异，所以量子双缝干涉实验可以使用凝聚态物质来进行，这也是超流体如一个单一实体的原因。迄今为止，玻色-爱因斯坦凝聚还未能获得实际应用，但有人提出设想，可将其用于探测隐形飞机，或监测引力场的微小改变。

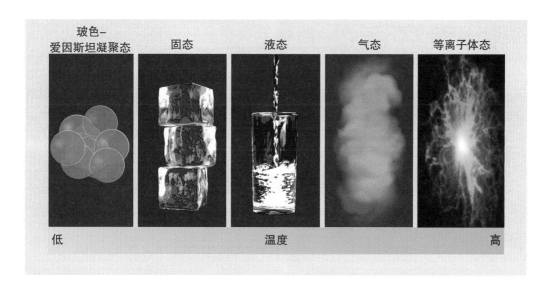

| 玻色-爱因斯坦凝聚态 | 固态 | 液态 | 气态 | 等离子体态 |

低　　　　　　　　　　　　　　　温度　　　　　　　　　　　　　　　高

深入阅读 | 组成物质和光的基本粒子，可以分为两种形式：一是玻色子；二是费米子。玻色子，如光子，在同一能态下可布居的"相同粒子"数不受限制，即无论有多少玻色子，一个能级都能塞得下。而费米子，如电子和质子，需要遵循泡利不相容原理，一个能态的一个位置只能有一个粒子。费米子的量子自旋是1/2的奇数倍，而玻色子的量子自旋是整数（即1/2的偶数倍）。这即意味着复合粒子，如原子，既可能是玻色子，也可能是费米子，取决于具体组成。举例而言，He-4是玻色子，而He-3是费米子。但两个He-3组成的"粒子对"，却可视作是一个玻色子，这就是He-3形成超流体需要两两配对的原因。

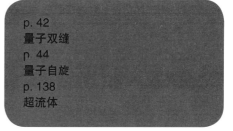

p. 42
量子双缝
p. 44
量子自旋
p. 138
超流体

材料 | 玻色-爱因斯坦凝聚最受世人瞩目的演示，是丹麦物理学家琳恩·豪在哈佛大学进行的，她使用一种玻色-爱因斯坦凝聚态物质对光进行了俘获。具体的实验过程是这样的：琳恩·豪使用第一束激光照射在玻色-爱因斯坦凝聚态物质上，在这种不透明物体上产生一条光的通路，然后使用第二束激光沿通路进行照射。这时，我们把第一束激光关掉，会发现第二束激光被困在了光与物质形成的混合态下，这种混合态我们将之称作"暗态"。

量子色动力学

主要概念 | 量子电动力学是理查德·费曼以及其他理论开发者共同发展起来的，该理论涵盖了光与物质相互作用的各个领域，对电磁力做出了解释，同时阐明了光子作为电磁力传输媒介的行为方式。但对于强核力，却没能有与量子电动力学相对应的理论。所谓"强核力"，即强相互作用，是作用于夸克之间的一种吸引力。由于夸克组成质子和中子，所以强核力就是（克服电磁力）保持原子核能够稳定的一种作用力。与电子不同的是，夸克具有两种电荷属性，一种是我们熟悉的"电"电荷，另一种是"色"电荷，而色电荷有三种不同的形态，分别称之为"红""绿""蓝"。需要注意的是，这里的"红、绿、蓝"与实际颜色没有任何关系，它们仅仅是"名字"而已。与量子色动力学描述了电磁相互作用相类似，20世纪70年代，人们发展出了与之相对应的描述强核力相互作用的理论，称作"量子色动力学"，简写作QCD。与光子是电磁力的载体相类似，强核力的传输媒介是一种被称为"胶子"的玻色子。但与光子不同的是，胶子之间可以发生相互作用，并伴随有色电荷的改变。这使得量子色动力学比量子电动力学更为纷繁复杂，需要使用更为繁复的费曼图才能处理，也意味着量子色动力学所描述的强核力会有完全不同的行为方式。夸克之间的强核力，随两夸克分开距离的增加而增强，这即意味着夸克无法单独存在，而会始终存在于质子等粒子的内部，这就是我们不可能看到游离在外的夸克的原因。

深入阅读 ┃ 量子色动力学中使用"颜色"来描述夸克的第二电荷属性，是较为随意的，毕竟粒子并不是真的带有颜色，但最后之所以做出这种选择，是有历史原因的。如红、绿、蓝是色光的三基色，三者等比例混合会得到白光，夸克经常是三三或两两组合在一起形成一种"组合粒子"，这时该组合粒子的第二电荷属性是不显的，如同"空白"一样。当三个夸克组合在一起，形成质子或中子时，一定是红、绿、蓝三种夸克各一个。相似的，称作"介子"的粒子只由两个夸克组成，那么它一定是红（或蓝或绿）夸克与反红（或反蓝或反绿）夸克组合形成的，只有这样，两个夸克的颜色才会相互抵消，使得介子整体表现为"白色"。

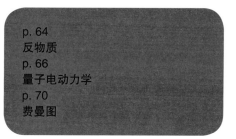

p. 64
反物质
p. 66
量子电动力学
p. 70
费曼图

材料 ┃ 有人可能会感到奇怪，似乎量子色动力学的设计者选择了错误的颜色，因为他们小的时候，被告知的三基色是红、黄、蓝。对于色光混合而言，红、黄、蓝并不是真正的三基色，红、绿、蓝才是。对于颜料混合而言，三基色是洋红、黄、青（其实颜料混合还有第四种基色"黑"，是洋红、黄、青等比例混合后得到的是黑色），是颜料吸收某种色光之后所表现出的补色。洋红与红相近，青与蓝相近，因此为了易于孩子辨认，三基色就简化成了红、黄、蓝。

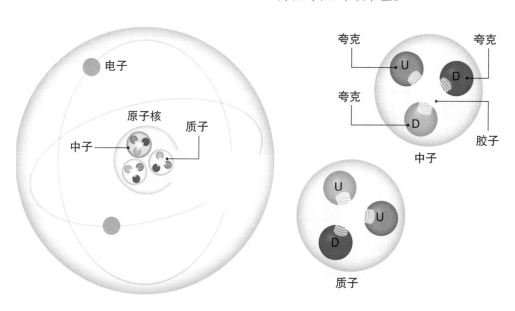

量子生物学

主要概念 ｜ 很长一段时间以来，人们认为在生物体的温暖潮湿条件下，不可能存在显式的量子生物机制。但就在最近，人们发现了大量的生物过程与量子物理密切相关。其中最早的一项与酶相关的发现可追溯到20世纪70年代。我们对于酶是较为熟悉的，可以将其类比作一种生物"洗衣粉"，与洗衣粉能够促进污渍的去除一样，酶也能够促进某种生物过程的发展。可以说，酶是一种生物催化剂，能够使生物体内的各种过程，如食物的消化吸收变得更快。这种催化作用的具体过程，经常是使参与反应的质子或电子更容易地跃过某种势垒，从而让某种化学反应发生。参与反应的这些粒子，有一些所具有的能量足够，无论如何它都能通过势垒；但有一些所具有的能量不足，这时就需要酶借助量子隧穿效应，使它们同样能够通过势垒，参与相关的化学反应。酶参与的结果就是，相关化学反应显著加速，甚至在某些情况下，反应速率会加快几千倍。除了能够提高化学反应速率之外，催化反应中的量子效应，还会带来无比巨大的变化，如果没有这些量子效应参与其中，包括人类在内的很多生物体，连维持正常的生理机能都无法实现。我们期望能够有更多的其他类型的量子效应得到验证，比如光合作用、穿过DNA碱基对引起突变的隧穿效应等。

深入阅读┃脱氧核糖核酸（DNA）是一种复杂的大分子，其中储存有生物的遗传信息，可将之称为"生命的蓝图"。生物进化的主要机制，就是DNA在进行复制时出现了"错误"，而这种错误的出现，有其量子方面的原因。DNA的外形像是一个螺旋状的楼梯，当它进行分裂复制时，楼梯上的"踏板"——碱基对，会一分为二。碱基对每一半的末端是一个质子，这个质子可以通过隧穿效应跃迁到碱基对的另一半去，从而改变了碱基对两半的化学组成，造成"遗传密码"的修改。最终的结果就是，储存在DNA中的遗传信息变了，我们将之称作"产生了新的变异"，即"突变"。

材料┃有人提出，植物光合作用所涉及的量子过程，可作为一种天然的量子计算机。光合作用产生的能量，需要传输到植物细胞的其他部分，这一过程中能量所行进的路线有非常多的可选择之处，但不知何故，总是最佳的那条路线被选择了出来。也许是量子的概率机制在其中发挥了作用，能量传输被视作某种"波"样的过程，在未进行传输之前，通过概率波的方式，已经尝试过了所有可能的路线，并从中找到了最佳路线。

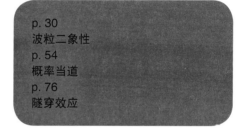

p. 30
波粒二象性
p. 54
概率当道
p. 76
隧穿效应

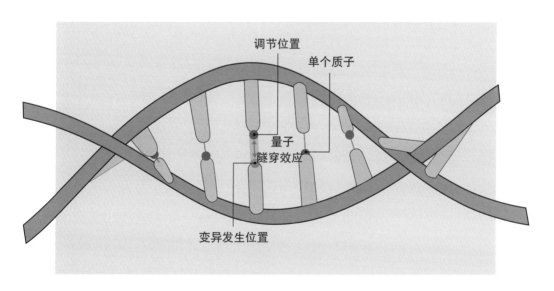

调节位置

单个质子

量子
隧穿效应

变异发生位置

量子引力

主要概念 | 现代物理学这座大厦有两根支柱：一是量子理论；二是相对论。但摆在每一个人面前的问题却是，这二者并不相容。阿尔伯特·爱因斯坦的广义相对论是"经典化"的，举例而言，在广义相对论的领域之内，引力是连续可变的。而量子理论的基本假定却是"时空不可能发生扭曲"。在一些人看来，将量子论与相对论进行统一，似乎没有多大的必要，完全可以在小尺度的微观领域使用量子论，在大尺度的宏观领域使用相对论，这样可以发挥两种理论各自的优势，所做出的关于粒子和引力的描述都是极为有效的。但在某些应用中，量子论与相对论的结合却是唯一的问题解决之道。比如说，根据大爆炸理论，现在的整个宇宙起源于一次"大爆炸"，在"大爆炸"开始时，宇宙是一个几乎没有尺寸的"奇点"，对"奇点"的描述必须借助于量子物理。相似的，黑洞的概念来自广义相对论（事实上，广义相对论的论文发表后不久，相对论方程得到的第一个解就是黑洞），而黑洞的中心同样是一个几乎没有尺寸的点，需要使用量子物理对它的行为方式进行解释。一些人相信借助于弦论或环量子引力，量子论与相对论的统一是可能的，但也有人认为要想实现二者的统一，这两个目前看来极其成功的理论至少有一个需要完全重写。

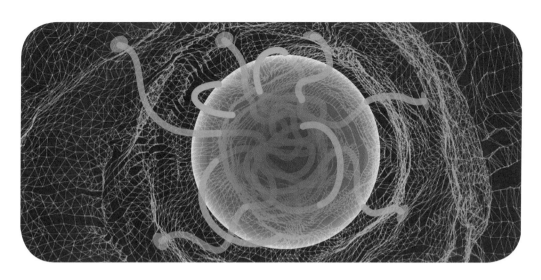

深入阅读 | 人们已经提出了相当多的方法，尝试将量子论与相对论进行统一，以实现"量子引力理论"。其中最为人所熟知的是弦论，或者更准确地说，是包罗一切的M理论，弦论只是M理论的一小部分。弦论可简单描述为：所有的粒子都是在同一种基本物体——"弦"——的基础上构建而成的，粒子之间的不同是弦的振动模式不同导致的。是不是听起来很有意思？弦论的问题在于，它需要的空间维度比我们所观察到的要多，且无法提供任何可供检验的预测。另一种量子引力理论的备选方案是"环量子引力"，它的方式是对时空进行量子化。但迄今为止，该理论在论述方面的表现甚至还不如弦论，将量子物理与广义相对论结合所需的各种要求也并不满足。

材料 | 如果引力是量子化的，那么我们可以认定，与电磁力、强核力等量子作用力存在载体粒子一样，引力也有自己的载体粒子。对于电磁力而言，它的载体粒子是光子，那么对于引力而言，我们假定这种载体粒子是引力子。但引力是如此之弱，以至于截至目前一切能够设想到的技术设备都无法探测到引力子的存在。

p. 60
狄拉克方程
p. 62
量子场论
p. 142
量子色动力学

术语表

算法——基于数学和逻辑的一组指令，通过"一步接一步"的方式进行计算和解答问题。大多数的计算机程序使用的都是"算法"。

黑体——一种理论上的"理想实体"，它能够吸收所有落在它上面的光，而它发射的光波长（颜色）只取决于自身的温度。

宇宙射线——外太空来的高能粒子撞击到地球大气层时发出的电磁波。高能粒子撞击大气层时，会生成一系列新的粒子，如正电子。

确定性的——如果我们已知一个物体的全部细节，然后在理论上可预测出其今后的全部发展轨迹，就称之为确定性的，与"随机性的"相对。

衍射——当波（典型如光）遇到障碍物或狭缝时，其运行轨迹发生了弯曲，波弯曲的程度取决于自身的频率。

衍射光栅——一块带有重复图案的平板，这些重复图案可以是细条纹，也可以是脊状纹。光栅或者通过透射，或者通过反射，能够将光束分解成光谱，且分解效率高于棱镜。

电动力学——物理学的分支之一，研究电荷的运动。

电磁辐射——电场与磁场相互作用，发射电磁波的一种现象，包括无线电波、微波、红外线、可见光、紫外线、X射线、γ射线等。

电子——一种基本的物质粒子，带有负电荷，电子的运动形成电流，在原子结构中位于原子核外，并绕核运动。

场——一种现象，特点是空间中各点的数值可随时间变化，如电场、磁场、引力场等。

频率——单位时间内（如1秒），一束波从初始位置开始，到返回初始位置结束，所经历的完整振荡次数。

半衰期——放射性物质的原子，一半数量发生自发核衰变所需要的时间。

胶子——一种基本物质粒子，用于传递强相互作用（强核力），原子核中的夸克之间、质子与中子之间，都是通过强核力结合在一起的。

隐变量——量子物理的解释之一，认为量子粒子各属性（如位置、动量等）在任何时候都有确定值，只是这些值我们无法得知。

虚数——i的任意倍数，i是−1的平方根。当实数与虚数结合在一起时，称作复数，如3+4i。

干涉——当同频的两束或更多束波相互作用时的一种效应。两束波在振动方向相同的区域，合成波的振幅增大，即为"干涉增强"；在振动方向相反的区域，合成波的振幅减小，即为"干涉减弱"；两束波相遇后，表现出的是合成波的整体波动图像。

离子——原子得到或失去电子后带有电荷的状态。

局部真实——"局部"指的是空间中一点发生的事件，不会对空间中另一点产生影响，除非是发送了能产生影响的"某种事物"。"真实"指的是物体的属性在所有时刻都具有确定值，即使这些属性值我们无法获取，它依然存在。

矩阵——成行、成列排列的一组数字。矩阵拥有自己的数学运算，如矩阵加法和矩阵乘法。但需要注意的是，矩阵乘法不满足交换律，即对于两个矩阵A和B，A × B与B × A并不相同。

模型——科学研究中的一种类比方法，用于预测某种性质的行为方式。传统上会基于我们所熟悉事物的某种行为，但现在趋于通过纯数学进行构造。

动量——物体的质量乘速度。

中子——原子核中发现的一种粒子，不带电荷，由3个夸克组成。

稀有气体——元素周期表最右侧一栏元素的气态形式，包括氦、氖、氩、氪、氙和氡。其特点是最外电子壳层是满壳层，化学性质极为稳定，几乎不参与任何化学反应，所以又称作"惰性气体"。

核聚变——质子、中子结合，形成新的原子核的过程，是恒星的能量来源。

轨道——关于电子位置的一种数学描述，表示在原子中最有可能找到电子的地方。

佯谬（或悖论）——与常识或已普遍接受的认识明显相悖的表述，但与谬误不同，佯谬是有可能正确的。

光电效应——当光照射到金属或半导体材料时，材料表面释放出电子，进而形成电流。

光子——一种基本粒子，是光束的组成成分，同时也是电磁力的载体。

正电子——一种基本粒子，与电子对应的反物质。它与电子几乎完全相同，只是带有正电荷，也被称作反电子。

棱镜——一块横截面为三角形的透明物体。当日光以特定角度入射到棱镜上时，在折射作用下，出射光会分解为七色光，即组成日光的各种单色光成分。

质子——原子核中发现的一种粒子，带有正电荷，由3个夸克组成。

夸克——物质的基本组成粒子，共有6种，每2个或3个组合在一起，形成其他粒子，典型的如中子、质子、介子等。

相对论速度——足够接近真空中光的速度，这是爱因斯坦的狭义相对论对运动的描述，相比于牛顿定律要更加准确。牛顿定律是爱因斯坦狭义相对论在低速情况下的近似结果。

半导体——一种介于导体与绝缘体之间的物质，允许电荷受限制地通过，是固态电子工业发展的核心。

壳层——原子的核外结构，用于布居电子，允许一个或多个电子填充其中，但每一壳层可容纳的最大电子数是固定的。

时空——爱因斯坦的相对论显示，时间与空间存在很强的关联性，将二者分开、各自对待变得不再可行，二者结合在一起的这种现象即称作"时空"。

光谱——指光束中包含的单色光的范围，各单色光的颜色与光波频率、波长、能量直接相关。

叠加——量子粒子的一种能力。在未被测量之前，它的一个或多个属性不具有确定值，所处的状态是两个或更多个可能值的概率加权求和。

真空能量——零点能的一种特殊情况。依据不确定性原理，绝对真空中存在量子能量涨落，因此产生的能量称作"真空能量"。

虚光子——一种从未被观测到的光子类型，当两个带电粒子相互作用时，虚光子用于传递二者之间的电磁力。

波动方程——数学上用于描述波的行为方式随时间变化的方程。

波函数——量子系统状态的一种数学描述，通常情况下涉及很多不同的系统属性。

波长——一束波在一个周期（即振动过程中，以同样的状态两次经过同一点所花费的时间）内所走过的距离。

延伸阅读

图书

（以英文原名为准，译名仅供参考）

Life on the edge（《神秘的量子生命》）

介绍了量子生物最新也最为激动人心的领域。

Through two doors at once（《同时通过两扇门》）

从最早的经典"双缝实验"开始，进而介绍了双缝实验的很多现代变体，而这些实验在科学普及过程中几乎是从来没有涉及的，让读者真正感受到了量子物理的奇特。

Mass（《物质是什么》）

对表面上看起来简单的"质量"属性进行了深入研究，在量子的层面上展示了质量的由来，同时引入了相对论。

Quantum space（《量子空间：通往万物理论的新途径》）

量子空间是一种对空间、时间进行量子化的尝试，这本书通过介绍该领域核心人物的工作、生活，将读者引入了"环量子引力"的世界。

Beyond weird（《怪诞之外》）

对量子物理解释的探索。聚焦于物理学家，在面对日常物品的行为方式与量子粒子的行为方式之间存在明显不相容的情况下，是如何尝试予以解决的。

The God effect（《量子纠缠：上帝效应，科学中最奇特的现象》）

向读者呈现了量子物理最为奇特的一面——纠缠，相比于绝大多数科普读物，对细节的披露要详尽得多。

The graphene revolution（《石墨烯革命》）

探索了举世瞩目的二维材料——石墨烯的发现与发展。石墨烯因其具有的量子特性而成为最强力，同时也是最好的导电材料。

The quantum age（《量子时代》）

涵盖了量子的各种基本理论，但更聚焦于量子的实际应用，包括电子工业、激光、磁悬浮列车等。

The infinity puzzle（《无限之谜》）

对物理学家如何处理量子物理所产生的"无限（即无穷大）"问题进行了详尽的探索。

The quantum universe: everything that can happen does happen (《量子宇宙：一切可能发生的正在发生》)

英国科学TV首席专家撰写的一本关于量子物理的技术性书籍，非常惊艳，虽然读起来有些艰难，但内容极为丰富。

QED: the strange theory of light and matter (《量子电动力学：光与物质相互作用的奇怪理论》)

顶级物理学家理查德·费曼一系列演讲的文字记录，第一版于20世纪80年代出版。在这些演讲中，费曼对量子电动力学做了极为精彩、但又极为通俗易懂的讲解，一举颠覆了"物理学家"在人们心目中的刻板印象。

Genius: the life and science of Richard Feynman (《费曼传》)

可能是最好的介绍这位举世闻名量子物理学家的一本人物传记。

Computing with quantum cats (《量子"猫"的计算之旅》)

对量子计算领域的详细介绍，展示了"量子比特"取代"比特"用于计算所带来的信息技术的巨大改变，以及量子计算的最新发展。

In search of Schrödinger' cat (《寻找薛定谔的猫：量子物理的奇异世界》)

量子物理的经典介绍。尽管出版年代久远，但现在读起来仍让人受益匪浅。

Beam: the race to make the laser (《光束：激光的军备竞赛》)

激光发展的详尽介绍，试看三个研发团队在这场关于激光的军备竞赛中谁能拔得头筹。

The amazing story of quantum mechanics (《魔鬼物理学2：迷人又有趣的量子力学》)

尽管参照了漫画的叙述形式，这却是一本从技术角度探索量子物理的书籍。

Neils Bohr's times (《波尔时代》)

最神秘的量子物理学家尼尔斯·波尔的最权威的人物传记，由波尔的密友派斯所著，深入介绍了波尔在物理学和哲学方面的成就。

Einstein and the quantum（《爱因斯坦与量子》）

量子物理发展过程中与爱因斯坦相关的事件详情。建议具有一定理论深度的读者来阅读。

Quantum mechanics: the theoretical minimum（《量子力学：理论的最小值》）

更像是一本入门级的量子物理教科书，但做了一定程度的简化。需要读者对公式有相当程度的耐受力。

The lightness of being（《存在之轻》）

对当前最为火热的粒子物理和量子场论的深入审视。

网站

如想获取量子物理发展的最新资讯，请以"quantum"为关键词检索下述网站：

www.newscientist.com

www.physics.org

www.physicstoday.org

www.physicsworld.com

www.quantamagazine.org

www.scientificamerican.com

索引

A
Achilles and the tortoise 69
adiabatic quantum annealing 111
algorithms
  Grover's algorithm 111
  quantum computers 111
  Shor's algorithm 111
Allen, John 138
Anderson, Carl 52
Anderson, Philip 133
antielectrons/positrons 48, 51, 52, 64, 71
antimatter 48, 52, 64–65
antiparticles 65, 71
arrow paradox 112, 113
Aspect, Alain 85, 101
atomic nucleus 16, 142
atomic spectra 26–27

B
Balmer, Johann 26, 27, 28, 83
Bardeen, John 118, 120
Basov, Nikolai 122
beam splitters 74–75
Bell, John 83, 85, 87, 100
Bell's inequality 87, 100–101
Bertlmann, Reinhold 101
biology 144–45
birds 112
bits 108
black body 21
black-body radiation 20, 21
black holes 146
Blish, James 117
Bohm, David 84, 86
Bohm interpretation 86, 90–91
Bohr, Niels 9, 16, 17, 39, 83, 96, 97, 99
  Copenhagen interpretation 31, 83, 86, 88–89
  quantum atomic model 18, 27, 28–29, 35, 40, 60, 123

Born, Max 9, 83, 90, 96, 97
  Schrödinger's equation 34, 35, 36
Bose–Einstein condensate 85, 139, 140–41
bosons 140, 141
Brattain, Walter 118, 120
Bunsen, Robert 26

C
Casimir effect 73
cathode rays 24, 116
CERN laboratory 16, 39, 65, 85, 131
chain reaction 8
Challenger space shuttle 51
Chou Shinkansen train 131
Clauser, John 101
coherent light 121, 122
Colossus 9
commutation 32
complementarity 31, 86, 88
computer processors 125
computers 9
  see also quantum computers
consciousness 92, 93
Cooper, Leon 132
Cooper pairs 132, 139
Copenhagen interpretation 31, 83, 86, 88–89
cosmic rays 64
Crookes tubes 140

D
D-Wave 111
data encryption 87
de Broglie, Louis 30, 31, 86, 90, 126
de Martini, Francesco 105
decoherence 48, 58–59, 110
Dehmelt, Hans 135
deterministic universe 91
diffraction grating 26
Dirac, Paul 19, 48, 51, 61, 62
  Fermi-Dirac statistics 41

Dirac equation 51, 52, 60–61, 64
DNA 144, 145
double-slit experiment 30, 42–43, 90, 94

E
Einstein, Albert 8, 30, 50, 59, 121
  Bose–Einstein condensate 85, 139, 140–41
  $E = mc^2$ 8, 50, 65
  EPR paper 85, 86, 98–99
  general relativity 14, 50, 97, 146
  lasers and 123
  Nobel Prize 18, 25, 50
  observer effect 93
  opposition of 7, 15, 16, 35, 50, 96–97, 123
  photoelectric effect 15, 18, 24–25, 50
  quantization of light 7, 15
  quantum entanglement 10, 59, 98
  special relativity 14, 50, 60, 78, 116
electromagnetic radiation 16, 18, 20, 21, 23, 29
electron microscope 120, 126–27
electronic devices 120
  transistors 117, 118, 120
electrons 24, 28, 29
  antielectrons/positrons 48, 51, 52, 64, 71
  negative-energy 51, 52, 60, 61, 64
  positive-energy 61, 64
  qubits 109
  shells 29, 40, 41, 134
  wave/particle duality 30–31, 86, 88
encryption 102–3, 106, 107
ENIAC 9, 125

作者简介

布里安·克莱格

布里安·克莱格，剑桥大学自然科学硕士、兰卡斯特大学运筹学硕士，曾在英国航空公司工作17年，之后成立了自己的创意培训公司。目前是一名全职科普作家，发表了《愤怒的简史》《量子时代》等30多篇论文，并为《华尔街日报》和《BBC聚焦》杂志撰稿。

致谢

送给吉莉恩、丽贝卡和切尔茜。

衷心感谢苏珊·凯莉、汤姆·基奇、克莱尔·桑德斯和伊丽莎白·克林顿，是你们让我在创作本书时体会到无穷乐趣。

对所有伟大的物理学教师、作家和演讲者致以崇高的敬意，是你们让我对物理学这门学科始终迷恋。

特别感谢理查德·费曼。

图片使用说明

The publisher would like to thank the following for permission to reproduce copyright material:

Alamy/ Granger Historical Picture Archive: 50 R, 51 L; Science History Images: 118 R

Getty/ Bettmann: 51 R; Hulton Archive: 119 L

Library of Congress/ Bain News Service: 16 R; Orren Jack Turner: 50 L

Science Photo Library/ Corbin O'Grady Studio: 85 L

Wikimedia 16 L, 17 R, 118 L; Karol Langner: 84 L; Nobel foundation: 17 L; Royal Society Uploader: 85 R; University of California, Irvine: 84 R; Cavendish Labratory: 119 R

All reasonable efforts have been made to trace copyright holders and to obtain their permission for the use of copyright material. The publisher apologizes for any errors or omissions in the list above and will gratefully incorporate any corrections in future reprints if notified.